LA

Verrerie de Portieux

ORIGINE — HISTOIRE

PAR

A. FOURNIER

MEMBRE ASSOCIÉ DE L'ACADÉMIE DE STANISLAS

PARIS

BERGER-LEVRAULT ET Cⁱᵉ, ÉDITEURS

5, rue des Beaux-Arts, 5

MÊME MAISON A NANCY

1886

LA

Verrerie de Portieux

ORIGINE — HISTOIRE

PAR

A. FOURNIER

MEMBRE ASSOCIÉ DE L'ACADÉMIE DE STANISLAS

PARIS

BERGER-LEVRAULT ET Cⁱᵉ, ÉDITEURS

5, rue des Beaux-Arts, 5

MÊME MAISON A NANCY

1886

A

MON CHER AMI

XAVIER MOUGIN

DIRECTEUR

DE LA VERRERIE DE PORTIEUX

NANCY — IMPRIMERIE BERGER-LEVRAULT ET Cⁱᵉ

LA

VERRERIE DE PORTIEUX

I.

Antiquité de l'industrie verrière. — La verrerie en Lorraine. — Gentils-hommes verriers. — Portieux ne donnait pas la noblesse.

Il est inutile de reproduire le récit bien connu — mais si contestable — de Pline [1] sur la façon dont fut découverte la fabrication du verre.

---

1. *Pline* raconte que des marchands de nitre, arrêtés en Phéni-cié, sur les bords du fleuve Belen, pour y faire leur cuisine et man-quant de pierres, se servirent de morceaux de nitre; ceux-ci, sous l'action du feu, fondirent et, se mélangeant avec du sable, donnèrent du verre grossier.

Tacite présente le fait d'une manière plus simple et surtout plus croyable : il dit que l'on trouve sur les bords du Belen du sable qui, mélangé avec du nitre, donne du verre.

L'historien juif *Josèphe* prétend que des enfants d'Israël ayant mis le feu à une forêt, l'incendie fut si grand et la température si élevée qu'il fondit le nitre et le sable et qu'on le vit couler le long des monta-gnes.

On sait quelle haute température il faut obtenir pour arriver à la

On ne sait à quel peuple attribuer la gloire de cette découverte ; ce qu'il y a de certain, par contre, c'est la haute antiquité à laquelle remonte la fabrication du verre :

On a retrouvé, à Thèbes (Égypte), des produits fabriqués qui révèlent un art avancé et qui remontent à 3,400 ans avant notre ère.

On le voit, il y a 5,200 ans, on savait déjà fabriquer le verre en Égypte ; voilà, il me semble, une antiquité passablement respectable. Tenons-nous-en là.

Ce n'est ni le lieu, ni le cas, de parler de fabrication du verre aux temps anciens de la Grèce et de Rome..... Je me contenterai de rappeler que les Gaulois, nos aïeux, connaissaient cet art longtemps avant la conquête romaine et que, sans doute, ils le tenaient des Phéniciens [1].

Plus tard, sous la domination romaine, ils firent une rude concurrence aux verreries italiennes : les formes, l'élégance de leurs produits étaient incontestablement supérieures à celles de leurs conquérants.

---

fusion du nitre et du sable. Le feu d'une cuisine en plein air ne pouvait guère arriver à cette fusion, ainsi que le rapporte Pline. L'embrasement d'une forêt n'est guère fait, non plus, pour obtenir ce résultat, et le récit de Josèphe ne présente pas plus de vraisemblance que celui de Pline.

1. Les Phéniciens commerçaient avec les Gaulois. Ce sont eux qui leur ont apporté les premiers verres. Les Gaulois étaient très habiles dans l'art de la fusion des métaux ; quoi de plus naturel qu'ils se soient mis très vite à la fabrication du verre.

Il y avait des verreries chez les Phéniciens ; elles devaient être d'autant plus prospères, que la verroterie a été, dans l'antiquité comme de nos jours, un article très recherché des peuplades sauvages, et que les Phéniciens, navigateurs et trafiquants, ne devaient pas négliger ce moyen d'échanger un objet, presque sans valeur pour eux, contre d'autres d'une valeur bien supérieure. Aux premiers voyages de Colomb, on échangeait un morceau de verre contre un lingot d'or.

A quelle époque fut introduit l'art de la verrerie en Lorraine ?

La question n'a pu être résolue.

Le plus ancien document que M. H. Lepage ait pu découvrir ne remonte qu'à 1373. A cette époque, il y avait certainement des verreries en Lorraine; c'est tout ce que l'on a pu savoir [1].

Plus tard, en 1448, Jean de Calabre, gouverneur des duchés de Lorraine et Bar, en l'absence de son père René d'Anjou, octroya aux verriers lorrains une charte qui prouva combien, au xve siècle, était importante dans notre province l'industrie du verre.

Cette charte [2] si favorable aux verriers ne pouvait qu'en-

---

1. Au xive siècle, avant la guerre de Cent ans, il se produisit une véritable transformation dans le bien-être général des populations.

C'est à cette époque que l'on commence à mettre des vitres aux maisons, jusque-là on éclairait en ouvrant un volet ou la porte ; en 1372, un receveur du roi Jean fit fermer les fenêtres de son bureau de recette avec du verre à vitre.

Dans les campagnes, les fenêtres étaient bouchées, soit avec de la toile cirée, soit avec du parchemin. Parfois on rencontrait des vitres faites de verres grossiers, épais, hérissés de ces gros nœuds en forme de culs de bouteilles.

Dans les maisons, la gobeleterie se partageait : moitié étain, moitié verre... (Voir : Siméon Luce. — *Duguesclin et son époque*, p. 55 et suivantes, t. Ier.)

A cette époque de transformation, d'accroissement de la population, l'emploi des verres à boire et des verres à vitres augmentant, les verreries prirent un certain développement. Il est donc juste d'admettre qu'en Lorraine il y avait des verreries au xive siècle ; la citation de M. Lepage en fait foi.

2. Cette charte, publiée par M. Beaupré, *Recherche sur l'industrie et les privilèges des verriers dans l'ancienne Lorraine*, 1846, fut renouvelée en 1469 (15 septembre).

On l'appelait la *Charte des verriers ;* elle assimilait les verriers aux

courager leur industrie; aussi au xviᵉ siècle, au commencement du xviiᵉ, voyons-nous se créer un grand nombre de
verreries.

L'industrie du verre subit un arrêt dans le cours du
xviiᵉ siècle; ruinée par les longues guerres de cette époque,
elle se releva sous le règne de Léopold; nombre de verreries sortirent de leurs ruines; d'autres furent créées : Portieux était de celles-là.

Les privilèges accordés aux verriers par la charte de 1448
les assimilaient aux nobles.

La noblesse du verrier tenait à la profession même qu'il
exerçait soit comme chef d'usine, soit comme ouvrier « de-
mourant ez verrerie et ouvrant le verre »; de là cette qua-
lification de *Gentilshommes verriers* qui, dans l'esprit de
l'autre noblesse, de robe et d'épée, avait un sens de dédain,
de mépris.

On raillait volontiers les nobles verriers :

---

nobles de race, tous les privilèges attachés à la noblesse leur étaient
acquis de plein droit. Le prince allait plus loin, il déchargeait les
verriers des droits « d'ost ᵃ, gîte et chevauchée » auxquels les nobles
étaient astreints. Le bois leur était donné à discrétion; ils jouissaient
du droit de pêche, chasse dans les forêts du duc aux environs des verreries; le noble ne pouvait chasser que dans ses propres forêts... Tout
cela accordé à eux, leurs héritiers, successeurs.

Avec de tels avantages on comprend quel développement dut prendre la verrerie en Lorraine.

a. Le *droit d'ost* était pour le vassal l'obligation de suivre son seigneur à la guerre;
le *droit de chevauchée* était le même, à cette différence pourtant, que le vassal devait
suivre le seigneur, non seulement dans ses guerres publiques, mais dans ses guerres par-
ticulières.

Le *droit de gîte* était l'obligation de loger le souverain et sa suite, ce qui était toujours
fort coûteux.

On comprend que le souverain ait dispensé le noble verrier de ces charges; obligé de
suivre les guerres si fréquentes des ducs, c'eût été forcer le verrier à fermer son usine;
puisque lui seul avait le droit de travailler le verre.

Quant au droit de gîte, le souverain devait peu s'en soucier, le gentilhomme verrier
étant en somme peu fortuné et souvent misérable.

Le roi Henri IV, traversant l'Argonne, vit des gentilshommes verriers, accourus à son passage, au pont de
Biesme..... Quels sont ces gens? demanda-t-il. — Des
souffleurs de bouteilles, répondit le postillon qui conduisait
la voiture du roi. — Hé bien ! dis-leur de souffler au cul de
tes chevaux pour les faire aller plus vite !.....

La noblesse verrière du poëte Saint-Amand lui attira l'épigramme suivante :

> Votre noblesse est mince;
> Car, ce n'est pas d'un prince,
> Daphnis, que vous sortez.
> Gentilhomme de verre,
> Si vous tombez à terre,
> Adieu vos qualitez. . . . [1]

Il faut bien le dire, ces nobles verriers prêtaient à la
plaisanterie, à la critique ; la plupart étaient pauvres et mal
vêtus, quelquefois réduits en état de domesticité; ils se
vengeaient du dédain que leur montrait l'autre noblesse
sur les roturiers qu'ils appelaient *sacrés mâtins;* ceux-ci leur
donnaient le nom de hazis, havis (hâves) desséchés[2]... .

Le gentilhomme verrier seul avait le droit de souffler le
verre, et jamais il n'aurait souffert qu'un roturier travaillât
avec lui, à moins que pour le servir. Pour lui, l'exercice de
l'art de la verrerie faisait une preuve de noblesse[3].

Le développement pris, au XVIe siècle, par l'industrie
verrière devait provoquer des abus et en même temps une
réaction; on contesta aux verriers leurs prétentions, leurs
droits; il s'ensuivit des débats, des discussions, des procès
qui aboutirent à faire admettre que la profession de verrier

---

1. Beaupré, ouvr. cité. —L'auteur de cette épigramme était Maynard.
2 Beaupré, ouvr. cité, p. 43.
3. *Encyclopédie de Diderot*, art. Noblesse, — noblesse verrière.

ne supposait pas la noblesse, ne la conférait pas, mais qu'elle n'y dérogeait pas.

Le duc Charles III (1604) maintint dans leurs franchises et privilèges les « gentilshommes verriers issus et descendus de ceux auxquels les verreries avaient été laissées par ascensement,..... mais les autres n'estant pas de cette qualité, n'en jouiront pas ». Il en résultait que tous ceux qui, dans l'avenir, voulaient établir une verrerie, *ne devenaient pas nobles par ce fait* et que, désormais, « on ne tînt nobles que ceux qui étaient d'extraction noble ou qui descendaient des anciens verriers lorrains », et qui continuèrent à jouir des privilèges attachés à la noblesse, non parce qu'ils étaient verriers, *mais quoique verriers* [1].

C'est dire que Portieux, fondé en 1705, n'avait et ne pouvait avoir aucune prétention à anoblir ses propriétaires.

Si la verrerie fut érigée en fief (1722) au profit de son

------

1. Pour tout ce qui concerne l'histoire de la verrerie en Lorraine et des gentilshommes verriers, je ne saurais trop recommander les ouvrages de MM. Beaupré et H. Lepage :

LEPAGE. — *Recherches sur l'industrie en Lorraine.* — *Verreries.* — *Mémoires de la Société des sciences, lettres et arts de Nancy,* 1849, p. 22 et suiv.

BEAUPRÉ. — *Notice sur un ouvrage de Volcyr où il est particulièrement question des richesses minérales de la Lorraine et de ses verreries.* 1841-1842, Nancy.

BEAUPRÉ. — *Recherches sur l'industrie et les privilèges des verreries dans l'ancienne Lorraine aux* XVe, XVIe *et* XVIIe *siècles.* Nancy, 1846.

Tout est à lire dans ces trois mémoires.

Il existe encore des descendants de ces verriers qui furent anoblis par la charte de 1448.

1492 : *Jacob Finance* — 1511 : *Claude et Jean Hennezel,* sont les deux noms les plus anciens qui paraissent dans la verrerie lorraine.

Les *de Condé* étaient verriers en Argonne ; le roi Henri IV reconnut, en juillet 1603, que les *de Condé* étaient d'extraction noble.

Les gentilshommes verriers portaient différents titres ; ceux de la

fondateur, c'était uniquement par le bon plaisir et par une faveur du souverain qui voulait encourager, récompenser un de ses sujets qui venait de créer une chose utile; un sujet qu'il avait, vingt années auparavant, anobli, non comme verrier, mais parce qu'il était son..... maître d'hôtel.

Bien plus, en 1731, l'usine et son domaine furent réunis au domaine ducal; elle fut, à partir de cette époque, affermée, à des époques régulières, aux enchères publiques; il est dès lors évident que la noblesse ne pouvait être adjugée en même temps.

---

forêt de Darney se donnaient le rang de chevaliers; un jour, des gentilshommes verriers mariaient leurs enfants, ils avaient invité à cette noce un honnête marchand de Sainte-Menehould avec lequel ils étaient en affaires et qui leur avait rendu de grands services. Dans le contrat de mariage tous les verriers signèrent avec la qualité de chevalier. Le négociant étranger était fort embarrassé, il ne pouvait ajouter à sa signature que la qualité de marchand, ce qui aurait paru inconvenant aux nobles verriers, il imagina de s'affubler du titre de *chevalier de l'Arquebuse...* De la sorte tout le monde était chevalier et les nobles verriers furent satisfaits.

D'autres se disaient écuyers; nous verrons plus loin un des associés de la verrerie de Portieux se donner ce titre.

Un *Hennezel* était voué de Vioménil, 1566.

II.

« Léopold, par la grâce de Dieu.... notre cher et bien
aimé Joseph Lapommeraye ¹, seigneur de Tonnoy, Velle,
Sandauviller..... nous ayant très humblement représenté
qu'il avait établi ci-devant une verrerie dans sa terre de
Tonnoy, dans laquelle il a acquis beaucoup d'expérience
et découvert plusieurs secrets au moyen desquels il a fait
faire toutes sortes de verres, cristaux, cristallins et autres
ouvrages semblables à ceux de Venise, ainsi qu'il en a
fabriqués ci-devant audit Tonnoy, lesquels se débitaient
dans nos États et autres lieux, et comme il désirerait
rétablir ladite verrerie dans ce lieu de Tonnoy, il nous a
supplié de lui en vouloir accorder la permission..... A
quoi ayant égard.....

---

1. Une ordonnance du 1ᵉʳ août 1698 nomme Joseph de Lapommeraye major de la ville et citadelle de Nancy.

Une autre ordonnance du 29 août 1698 lui donna en concession
perpétuelle un terrain situé entre les deux Nancy pour y bâtir un
hôtel.

Le 14 mai 1714, reprise de Joseph de Lapommeraye, major des
ville et citadelle de Nancy, et de Catherine Haxaire, sa dame..., à cause
des château, terres et haute, moyenne et basse justice de Tonnoy,
Velle et Sandauvillers. (*Arch. dép. de Nancy.* — Registre 1698, p. 84,
B. 122.)

« Sçavoir faisons,..... nous avons permis et permettons audit exposant, par ces présentes, d'établir dans
ledit lieu de Tonnoy une verrerie en un ou plusieurs fourneaux, avec pouvoir d'y faire fabriquer toutes sortes de
verres, cristaux,..... etc..... glaces de miroirs, de carrosses,..... iceux, vendre, débiter ; jouir par lui, ses hoirs
et associés pendant le cours de vingt années de cette permission, pleinement et paisiblement avec exemption pour
tous les ouvriers étrangers qui seront employés et qui servi-
ront actuellement en ladite usine, de logement de gens de
guerre, fournitures, ustensiles, guets, gardes et généralement de toutes sortes de franchises, privilèges, immunités
et exemptions dont ont accoutumés de jouir et user les
autres verreries, desquels ouvriers, ledit Lapommeraye nous
donnera déclaration..... et afin de lui donner moyen de
profiter aucunement de la dépense qu'il sera obligé de
faire pour le rétablissement de ladite verrerie, nous avons
défendu :..... à toutes autres personnes de quelque qualités et conditions elles soient, d'établir d'autres semblables
verreries sur toutes les terres de notre obéissance pendant l'espace desdites vingt années qui commenceront au
premier janvier de l'année prochaine 1699, à peine de
confiscation de leurs ouvrages et de trois mille francs
d'amende et à tous marchands d'apporter ni faire entrer,
vendre, ni débiter dans toute l'étendue de nos États,
aucuns ouvrages d'autres verreries aux mêmes peines que
ci-dessus.....

« A l'exception, néanmoins, des ouvrages de grosses
verreries, comme bouteilles, cloches et verre à vitre,
tels qu'ils se font dans les verreries établies en 1670 [1] dans

---

1. Édits et ordonnances, t. III. — Archives de la verrerie de Por-

nos États, auxquelles nous ne voulons que ces présentes puissent nuire, ni préjudicier...... » 15 septembre 1698.

Telle est l'ordonnance qui fut le point de départ de la future verrerie de Portieux.

Il ressort aussi de cet acte que la verrerie de Tonnoy existait ou avait existé avant le retour, dans ses États, de Léopold ; tout nous porte à croire qu'elle fut fondée en 1690 par M. de Lapommeraye, et que celui-ci, en sollicitant des lettres patentes, avait voulu régulariser la situation d'un établissement créé sous la domination française.

L'ordonnance du 15 septembre constituait pour M. de Lapommeraye un véritable monopole de la fabrication du verre en Lorraine ; la lettre patente suivante en donne une preuve nouvelle et péremptoire :

« Léopold, etc...... Sçavoir faisons,..... que vu par notre Chambre des comptes de Lorraine, la requête à elle présentée par Joseph de Lapommeraye, tendant à ce qu'il

---

tieux. — Cette date de 1670 est celle où le duc Charles IV dut abandonner définitivement ses États, chassé par les troupes de Louis XIV. — Celui-ci s'empara de la Lorraine ; ce fut une véritable annexion, si bien, dit l'historien Digot, que le nom de Lorraine était devenu impropre pour désigner notre patrie,... car le duché avait pour ainsi dire cessé d'exister : dans les prières publiques, le nom du duc Charles (Charles IV, puis Charles V) était remplacé par celui du roi ; le Conseil d'État, la Cour souveraine, la Chambre des comptes de Nancy et celle de Bar furent supprimés ; les archives furent enlevées et transportées à Metz...

C'était un véritable interrègne, et, de 1670 à 1697, la Lorraine fut traitée comme province française.

Il était donc naturel que Léopold considéra comme nul tout ce qui avait été fait pendant cette période.

Digot constate que, pendant les dernières années de l'occupation française, un certain nombre de verreries reprirent leur fabrication ; nous avons dit que Tonnoy était de celles-là. (*Hist. de Lorraine*, t. V et VI)

lui plaise enthériner et registrer les lettres patentes de nous obtenues, des privilèges et permission d'établir une verrerie audit lieu de Tonnoy.....

« Notre dite Chambre a enthériné,..... fait défense à toutes autres personnes,..... fait pareillement défense à tous marchands et autres d'apporter,... ni vendre,... etc..... leur permet cependant d'y débiter ouvrages de grosses verreries, comme bouteilles, cloches et verres à vitres, tels qu'il s'en faisait dans les verreries établies en nos États avant l'an 1670 ; auxquelles verreries il sera permis, nonobstant le privilège du suppliant, de faire de la grosse verrerie et du verre en fougère, ainsi qu'ils faisaient avant ladite année 1670,..... faisant défense à ceux qui pouvaient s'être établis depuis ladite année, de faire aucun ouvrage de verreries sous les mêmes peines, à charge par le suppliant payer les droits qui peuvent être dus sur lesdits ouvrages de verreries et suivant qu'ils ont été payés, en ladite année 1670, et qu'il débitera des verres de toutes sortes d'espèces et à un franc deux gros par cent, meilleur marché qu'ils ne débitaient ci-devant en la verrerie de Verdun et le tout bien conditionné,..... et pour que le suppliant et ses associés jouissent du bénéfice à lui accordé,...., il est ordonné à tous marchands qui jusqu'à présent ont vendu des verres de continuer la vente ou distribution de ceux qui leur restent pendant l'espace de trois semaines, à compter du jour de la présente signification du présent arrêté, après lequel temps ce qui leur restera sera acquis et confisqué au profit des suppliants[1]..... », 30 mars 1699.

Malgré tous ces privilèges, la verrerie de Tonnoy ne·

---

1. Archives de la verrerie de Portieux. — Tonnoy, village du canton de Saint-Nicolas.

subsista pas longtemps, et dès 1702, il y avait brouille, ou du moins séparation entre les associés :

« .....Vu par le Conseil, la requête présentée à S. A. par les intéressés en la manufacture de la verrerie établie à Tonnoy, tendante à ce qu'il plaise à S. A. R. leur permettre transférer la verrerie de Tonnoy au lieu de Portieux..... a renvoyé le sieur de Lapommeraye des fins et conclusions contre lui prises par ses co-intéressés en la manufacture de ladite verrerie, si mieux ils n'aiment établir une nouvelle manufacture au lieu de Portieux, pour les parts et portions qui lui appartiennent, au privilège accordé audit sieur de Lapommeraye, auquel cas le privilège ne vaudra que pour un quart audit lieu de Tonnoy, dont il pourra se servir pendant les vingt années portées aux lettres patentes qui lui en ont été expédiées..... » 25 janvier 1702 [1].

Cette division entre les associés et le partage du privilège, la création de l'usine de Portieux, furent la ruine de Tonnoy qui cessa presque aussitôt toute fabrication ; il fallut, pendant que l'on édifiait Portieux, autoriser les marchands à acheter aux verreries étrangères les produits dont Tonnoy avait le monopole de fabrication :

« Léopold..... vu la requête présentée par François Magnien, contrôleur de notre hôtel, et ses associés pour la manufacture des verres en la verrerie de Portieux, expositive que *depuis la démolition* de la verrerie de Tonnoy et avant que celle de Portieux fût bâtie, les marchands verriers de Nancy et autres profitant de cette conjonction pour se fournir de verres dans les verreries étrangères auraient obtenu la permission de notre dite Chambre d'en acheter

---

1. Archives de la verrerie de Portieux.

et débiter....., jusqu'à ce que lesdits suppliants auraient
établis léur verrerie audit Portieux et en auraient effective-
ment acheté et débité, ... c'est ce qui a obligé les suppliants de demander à notre dite Chambre, ... attendu
que ladite verrerie de Portieux est actuellement en bon état,
la défense de vendre de ces verres étrangers,.... notre dite
Chambre a ordonné que les suppliants jouiront des privilèges et facultés portés ès lettres patentes du 15 septembre
1698..... Fait défense à tous particuliers,..... tant de nos
sujets que forains .....d'apporter dans nos États, vendre,
ni débiter aucuns des verres de qualités portées par lesdites patentes que ceux provenant de la verrerie des suppliants.....

« Permet aux suppliants de faire faire visite ès maisons
de vendeurs de verres, dresser procès-verbaux de la quantité et qualité de verres que chaque marchand en aura, de
les prendre pour leur compte et de les payer auxdits marchands sur le pied de facture qu'ils seront obligés de leur
représenter..... » 15 février 1705.

Ainsi, dès avant 1705, la verrerie de Tonnoy avait cessé
de travailler, avait été démolie; son privilège transmis en
entier à Portieux[1].

Ce privilège qui comportait pour la nouvelle usine le
monopole absolu de la fabrication d'un certain nombre

---

1. Il ne peut y avoir de doute, Tonnoy n'existait plus dès avant
1705 ; le fait de permettre aux marchands d'introduire des verres étrangers le prouve d'autant mieux que si Tonnoy avait continué à travailler, il se fût opposé à l'introduction des verres étrangers. Il en
avait le droit, puisque l'arrêt de 1702 lui avait réservé une part (le
quart) dans le privilège.

C'est donc par erreur que Bugnon cite Tonnoy comme ayant
en 1719 une verrerie. (Bugnon, *Alphabet curieux des lieux des duchés
de Lorraine et Bar*.)

d'articles de verrerie, n'était pas toujours respecté, ni par les marchands, ni par le souverain lui-même [1].

Avec les marchands, les procès étaient fréquents, toujours gagnés à la vérité, — il était, du reste, fort difficile d'en juger autrement — la seule difficulté était de reconnaître si l'article vendu relevait du monopole de Portieux.

Avec le souverain, on fut moins heureux :

L'édit du 15 septembre 1698 défendait la création de toutes nouvelles usines; mais il en était d'anciennes, antérieures à 1670, qui, éteintes pendant l'occupation française, se rallumaient depuis le retour de Léopold : celle de Trois-Fontaines, par exemple.

Magnien, invoquant son privilège, fit, en 1705, saisir les produits de la verrerie de Trois-Fontaines.

---

1. Le fisc, parfois, cherchait chicane au sujet des franchises et exemptions dont jouissaient les ouvriers des verreries.

En 1778 (6 avril), on voulut taxer les veuves d'ouvriers verriers, leurs mères et ceux qui n'étaient pas spécialement affectés au travail du verre.

En réponse à ces prétentions, les fermiers de l'usine disaient : « A l'égard du charron et du maréchal, leurs qualités suffisent déjà pour annoncer leur importance à la suite de la verrerie,... ce sont les deux hommes les plus précieux et les plus indispensables de la verrerie qui chômerait sans leurs services... » Le maréchal, en effet, avait pour occupation principale de réparer les cannes à souffler le verre, et le charron de préparer les moules. « Pour les veuves, ajoutaient les fermiers, elles sont toutes sexagénaires, si cela ne suffisait pas,... chaque ouvrier est forcé d'avoir une domestique pour lui préparer sa nourriture; parce que lui, étant occupé depuis minuit que le travail s'ouvre jusqu'à midi qu'il cesse, il ne lui est pas possible d'y pourvoir lui-même ; or si en place d'une domestique, une mère veut bien se charger de ce soin, certainement, elle doit être au moins aussi favorablement traitée que le serait une domestique. »

J'ai trouvé dans cette pièce la liste nominative des ouvriers qui travaillaient en 1778 à la verrerie de Portieux. Je la reproduis ici, car il y a encore dans la verrerie actuelle des descendants de ces verriers :

Il s'ensuivit un procès qui, finalement, fut porté devant le duc :

« Léopold,..... etc..... Le sieur Antoine de Lutzel-bourg a représenté qu'ayant, depuis notre heureux retour, fait rétablir la verrerie de Trois-Fontaines, ancien ban de Biberkereich, il l'avait fait travailler sans aucun empêche-ment jusqu'au mois de janvier 1705..... Que notre amé et féal Magnien..... se serait avisé de faire saisir lesdits verres sous prétexte du privilège par nous accordé au sieur La-pommeraye (au droit duquel ledit Magnien a été subrogé)

1	Claude Lorençot ou Lauren-ceau, commis.	16	George Jolly.
2	Pierre Houel, maître verrier.	17	Laurent Pelletier.
3	Étienne Houel.	18	Jean-Claude Honel.
4	Charles Viriot et frères.	19	Le sieur François Lenoir.
5	François Gueury.	20	Nicolas Denis.
6	Claude Aubry et frères.	21	Jean Ruer.
7	Joseph Chaffard.	22	Jean-Jacques Schirmann.
8	Nicolas Chaffard.	23	Alexis Thomas.
9	Michel Maillard.	24	Nicolas Grégoire.
10	Joseph Maillard.	25	Charles Clément.
11	Pierre Gueury.	26	Nicolas Houen.
12	Claude Gueury le grand.	27	François Bailly.
13	Claude Gueury le gros.	28	Nicolas Houbout. *Houbout*
14	Claude Chaffard.	29	Clément Darmoise.
15	François Chaffard.	30	Joseph Bœuf.
	La veuve Valck.		La veuve du sieur Destard.
	La veuve Aubry.		La veuve Viriot.

Nicolas Houen et Charles Clément étaient les domestiques aux gages des fabricants ; « ils sont uniquement occupés à la conduite de leurs bœufs et chevaux pour la fourniture du bois nécessaire à l'alimentation de la verrerie. Ce sont des gens indispensables. »

Le fisc reconnut le bien fondé de ces observations. Dans cette liste, je relève la mention : le *sieur* François Lenoir et la veuve du *sieur* Destard ; il s'agit évidemment de nobles verriers. (Archives de Por-tieux.)

d'établir une verrerie à Portieux, avec défense à tous autres d'en construire dans nos États,..... sans considérer que, par ledit privilège, les verreries établies avant l'année 1670 sont expressément réservées, et que celle dudit Lutzelbourg est dans ce cas,.... ce qui aurait occasionné un procès entre eux..... Comme par l'arrêt intervenu le 4 juillet 1708, il est ordonné, nonobstant les preuves y énoncées faites par Lutzelbourg en exécution d'un autre arrêt qu'il se pourvoira vers nous pour obtenir confirmation de sa verrerie avec permission de la faire débiter comme ci-devant toutes sortes de verres..... comme avant l'année 1670..... Défense audit Magnien et à tous autres de l'y troubler ni inquiéter..... » 25 septembre 1708.

Au moment où cet arrêt venait d'être rendu[1], Trois-Fontaines n'existait plus, elle venait d'être réunie à une autre verrerie voisine, celle de Plaine-de-Walsch, que les comtes de Lutzelbourg avaient fondée en 1707. Trois-Fontaines disparut si bien, que Durival n'en parle que comme ayant existé à une époque antérieure à celle où il écrivait. Les comtes de Lutzelbourg, afin de déterminer les principaux ouvriers des verreries voisines à former un établissement à Plaine-de-Walsch, leur concédèrent, par bail emphytéotique, l'exploitation des cinq sixièmes de la forêt de Lutzelbourg et bans joignants, comprenant environ deux mille arpents d'ordonnance.

Cette verrerie de Plaine-de-Walsch s'appelle aujourd'hui Vallérysthal et, avec Portieux, est devenue la propriété de la même Société.

---

1. Voir le travail si intéressant et si complet de M. Henri Lepage : *Des Verreries*. (Mémoires de la Société des sciences, lettres et arts de Nancy. 1849, p. 64 et suivantes.) Toutes les notes et renseignements qui vont suivre sont pris dans cet excellent mémoire.

Il est piquant de remarquer qu'à l'époque de leur fondation, ces deux usines ont débuté par un procès.

Si, pour Trois-Fontaines, le duc avait invoqué son existence avant 1670, afin de lui permettre de travailler malgré le privilège qu'il avait accordé à Portieux, il était sans prétexte pour autoriser Anne-Joseph de Tornielle et de Brionne, marquis de Gerbévillers, et Louise de Lambertye, son épouse, à fonder dans la prévôté de Darney une verrerie jouissant de « privilèges et avantages semblables à ceux accordés à la verrerie de Portieux..... ». Il fit une réserve pourtant : c'est que la nouvelle usine créée par le marquis de Gerbévillers serait « à trois lieues du village de Portieux..... » (1716).

Aussi bien, Léopold ne pouvait agir autrement ; sous l'heureuse influence de son règne réparateur, l'industrie prenait rapidement un grand développement, et la fabrication du verre, si prospère autrefois en Lorraine, devait bien vite retrouver sa primitive importance.

Nous l'avons dit : dès le retour de Léopold, Trois-Fontaines était rallumée par le comte de Lutzelbourg et bientôt remplacée (1707) par Plaine-de-Walsch ; puis vient la verrerie du marquis de Gerbévillers (1716).

A partir de 1718, date de l'expiration du privilège de Magnien, nous voyons se créer successivement les verreries de Gœtzembourg, 1718 ; Gotzbruck, 1721 ; Harreberg et Dannelbourg en 1723 ; en 1730 et 1731 deux nouvelles usines dans la forêt de Darney ; d'autres à Dilling[1] (1759) ; à Sophie (comté de Forbach), 1760 ; à

---

1. En 1759, dit M. Lepage, le sieur Tailfumier, chevalier, seigneur de Cuffigny et de la baronnie de Dilling, sollicita et obtint de Stanislas la permission de créer une papeterie et une verrerie dans ce lieu. Il est à remarquer que cette dernière usine fut établie dans le genre de

Sainte-Anne[1] (1764), aujourd'hui Baccarat; à Vannes-le-Châtel[2], 1766 ; à Munzthal, aujourd'hui Saint-Louis, 1767.

---

plusieurs de celles qui existaient en Allemagne, c'est-à-dire qu'on y fit usage de la houille au lieu du bois. (H. Lepage, ouvr. cité, p. 76.)

1. « En 1764, dit plus loin M. Lepage, s'était fondée sous le nom de Sainte-Anne, la magnifique et célèbre manufacture de Baccarat. C'est à l'évêque de Metz que notre pays est redevable de la création de cette usine et elle dut ses premiers succès au talent du sieur Renaut que l'évêque s'était associé... » (Henri Lepage, ouvr. cité.) Nous aurons plus loin à parler de M. Renaut.

2. Vannes-le-Châtel fut fondée de 1766 à 1767 par la comtesse de Reims, dame de Vannes, « qui étant propriétaire de vastes forêts, établit cette usine pour en tirer parti ». (M. H. Lepage, ouvr. cité, p. 78.)

III.

La nouvelle verrerie était établie dans le village même de Portieux, sur l'emplacement actuel de la maison Bajolet.

Son fondateur, François Magnien, était un favori du souverain.

Léopold le nommait (août 1698) contrôleur de son hôtel, l'anoblissait en 1701 [1], et en 1709 transformait en fief l'usine de Portieux.

---

1. « Léopold... etc. Les princes souverains n'ayant rien plus à cœur que de faire connaître à leurs sujets l'estime qu'ils font de la vertu et ne pouvant donner des marques plus glorieuses de leur autorité souveraine, qu'en élevant au-dessus du commun ceux qui s'en sont rendus dignes... Notre aimé et féal sujet François Magnien, contrôleur de notre hôtel, nous ayant fait connaître le désir qu'il avait d'obtenir le degré de noblesse... en considération du zèle qu'il aurait eu de se distinguer dans nos États en se mettant à la tête de la compagnie des gens d'armes de notre bonne ville de Nancy qu'il aurait commandée pour nous servir suivant nos ordres... et sur ce qu'il nous aurait présenté qu'il est issu de l'ancienne famille de Laurent Magnien, anobli en 1567, dont il n'a pu recouvrer les titres qu'il a perdus par les malheurs des temps... François Magnien, ensemble ses enfants, postérité et lignée née et à naître..., anobli et anoblissons et du titre d'honneur, lustre, ordre et rang de noblesse... » 20 novembre 1701.

Les armes que Magnien était autorisé à porter étaient : « d'azur à la face d'or, et pour cimier ; lion issant d'argent, tenant en ses pattes une

« Léopold,..... etc..... Notre amé et féal le sieur François Magnien....., nous a fait représenter que lui ayant promis d'établir dans le village de Portieux..... une verrerie au lieu et place de celle de Tonnoy, il y aurait aussitôt satisfait en y faisant bâtir une maison et un hallier nécessaire pour y construire des fourneaux et y fabriquer des verres,..... et comme pour l'exécution de la facilité de son entreprise les hautes justices dudit Portieux et des villages de Moriville et Langley lui auraient convenu, il nous aurait supplié de les lui accorder à titre de cens annuel et perpétuel; mais n'ayant pas jugé à propos de les aliéner, il aurait changé de résolution et nous aurait demandé par grâce qu'il nous plût ériger en fief lesdites maisons et halles par lui construites audit Portieux pour ladite verrerie, y ajouter cinquante jours de terre par chacune saison, plus quarante fauchées de prés,..... avec droit de colombier, de parcours sur les bans et finages dudit Langley,.....

« A quoi inclinant favorablement..... vu le rapport de notre conseiller,..... auquel nous aurions renvoyé les requêtes qui nous auraient été adressées à ce sujet les 2 juin 1708 et 10 octobre 1709..... l'affaire mise en délibération..... » 22 novembre 1709.

Le 17 décembre 1709, la chambre entérinait les lettres patentes qui transformaient en fief l'usine établie par Magnien au village de Portieux.

On lui donnait : cinquante jours de terre à La Roye par

---

boule du même et d'un torty d'or et d'azur, le tout porté d'un avinet mort avec les lambrequins avec métaux et couleurs susdites. » (Arch. dép. Nancy, B. 122, p. 109.)

Il s'était rendu acquéreur en 1702 du fief d'Art-sur-Meurthe, il en rendit hommage et prêta serment de fidélité, le 15 mai 1702. (Arch. dép. Nancy, B, 122, p. 198.)

chacune saison, quarante fauchées de prés, quatre jours de terre qui devront être convertis en vergers et jardins,..... la permission de faire construire une maison au lieu et place desdites maisons et halles ou sur quelque terrain qui lui conviendra..... le droit de colombier sur pied ou à quatre piliers..... vingt bêtes rouges avec leur suite et cent cinquante bêtes blanches aussi avec leur suite..... le droit de les faire vainpâturer, par droit de parcours, sur le ban et finage de Langley.....

En outre, pour la facilité de la verrerie de Portieux, on lui donne le droit de faire construire et renouveler les halliers nécessaires à cet effet *et de les transférer de forêt en forêt* dans les lieux les moins dommageables qui lui seront indiqués par le commissaire général réformateur des eaux et forêts..... avec la permission de faire fabriquer dans ladite verrerie de Portieux et sous les halliers ainsi renouvelés, le temps de son privilège expiré, toutes sortes de verres, cristaux[1]..... Magnien s'empressa d'utiliser cette faculté de « transférer de forêt en forêt » sa fabrication; il établit dans la forêt de Ternes, au lieu dit la Fontaine de Viller, presque en face de l'usine actuelle, un de ces fours. Dès lors, il eut deux verreries (1710):

Une au village de Portieux, où l'on fabriquait des verres à boire;

Une à la Fontaine de Viller, où l'on faisait du verre à vitre, que l'on appelait aussi « Verrerie des bois ».

Ce n'est pas tout : Léopold demanda à Magnien de créer une troisième verrerie où l'on fabriquerait des glaces de miroirs et de carrosses et des verres ronds pour vitres.

---

1. Dans ce fief, l'exercice de haute, moyenne et basse justice n'était pas accordé à Magnien. Il payait en outre, « pour cens annuel et perpétuel », la somme de 635 livres.

Magnien s'empressa de déférer au désir de son souverain, et pour l'exploitation de la nouvelle usine il s'associa (23 mai 1714) avec Laurent, de Sainte-Marie-Église, sieur Dumanoir.

De son côté, Léopold, « voulant seconder les intentions de ceux qui cherchent à augmenter le commerce dans nos États, pour le bien et avantage de nos sujets, et leur donner le moyen de travailler utilement,..... approuvons ledit acte de société du 23 du présent mois de mai,..... permettons audit sieur Magnien d'établir incessamment une manufacture de glaces aux environs de Portieux,..... lui accordons tous les privilèges à ce nécessaires, à l'exclusion de tous autres, sans préjudice de ceux qu'il a déjà obtenus de nous pour lesdites deux verreries qu'il a ci-devant établies et qui subsistent actuellement,..... lui accordons par grâce spéciale une somme de neuf mille livres pour être employée audit établissement et en outre avons à icelui Magnien donné, cédé, abandonné le fonds de 400 arpents de bois à prendre dans nos forêts les plus à portée que faire se pourra desdites verreries pour y être employés annuellement..... lesquels 400 arpents lui seront incessamment marqués..... et attendu qu'il peut souvent subvenir des difficultés entre les associés ez dites manufactures, et qu'il ne conviendrait pas que leurs contestations tirassent en longueur par des procès qui pourraient non seulement détourner de leur entreprise, mais encore qui les consommeraient en frais s'ils étaient obligés de suivre le cours des justices ordinaires, nous voulons et ordonnons que toutes les difficultés et contestations qui pourraient naître entre eux pour raison de ladite Société..... soient décidées et terminées le plus sommairement que faire se pourra et en dernier ressort par nos conseillers d'État Dubois de Riocourt, Lefebvre et Ma-

thieu, que nous avons, pour ce, choisis..... » 30 mai
1714.

Le 12 septembre suivant, les lettres patentes du duc
étaient entérinées, et l'acte d'association « régistré ».

Voici cet acte d'association :

« Cejourd'hui 23ᵉ mai 1714, convention a été faite : entre
le sieur Richard Laurent, de Sainte-Marie-Église, escuyer,
sieur Dumanoir ¹..... et François Magnien,..... sçavoir :
que lesdits Magnien et Dumanoir entrent dès à présent en
société pour une manufacture de glaces..... pour tout le
temps de la vie du sieur Dumanoir,..... ledit sieur Magnien sera intéressé pour deux tiers et Dumanoir pour
l'autre tiers, profit ou perte,..... l'établissement sera ez
environs de Portieux..... Ledit sieur Dumanoir nomme
le sieur Guerpol, son cousin, pour le principal ouvrier,
auquel la Société paiera par semaine six écus ou dix-huit
livres tournois; quand il ne travaillera pas, il ne touchera
que la moitié.....

« Ledit Dumanoir travaillera lui-même comme ferait un
ouvrier et il aura pour rétribution de son travail la somme
de 600 livres annuellement.....

« Magnien nommera un commis agréable à Dumanoir,
ce commis aura la première année 450 livres..... » 23 mai
1714.

C'est à la lisière de la forêt de Fraize, en face de la Fontaine de Viller, sur l'emplacement de l'usine actuelle, que

---

1. Richard Laurent, de Sainte-Marie-Église, escuyer, sieur Du Ma-
noir, telle est la série des noms de ce personnage. Il s'agit d'un gentilhomme verrier ; il porte la qualité d'écuyer que nombre d'ouvriers
verriers s'attribuaient. Il était de Sainte-Église près Barbonville. (Arch.
dép. Nancy, B, 219, pièce nº 28 ; Registre Tallange nº 2. B, 135.)

cette manufacture de glaces de miroirs et carrosses fut établie.

Dès l'année suivante (1715), elle était construite et en marche ; aussi Léopold, enchanté, ajoutait au fief érigé à Portieux en 1709, le fonds des 400 arpents de bois affectés à la nouvelle usine :

« .....En suite de quoi, il aurait fait construire tous les bâtiments nécessaires à cette usine, lesquels sont à présent dans leur perfection,..... et d'autant que le sieur Magnien s'est engagé dans une dépeuse considérable..... en conséquence, notre intention étant de le favoriser et pour lui faire connaître la satisfaction de ses bons et fidèles services,..... avons réuni, par ces présentes, audit bien érigé en fief par nos lettres patentes du 22 novembre 1709 et appartenant audit sieur Magnien dans ledit lieu de Portieux..... lesdits 400 arpents de bois que nous lui avons cédés et abandonnés en notre gruerie dudit Châtel. » 6 février 1716 [1].

Le bon accord ne fut pas de longue durée entre Magnien et Dumanoir ; dès 1718, l'association était rompue.

Le privilège donné en 1698, et pour vingt années, allait expirer en 1718.

Magnien, pour les deux premières usines de Portieux et de la Fontaine de Viller, avait pour associés Dordelu, Crétal et Dubois ; il conclut avec eux une nouvelle association de vingt années, et la manufacture de glaces fut comprise dans cette exploitation.

Léopold confirma le contrat et renouvela pour vingt ans le privilège :

« Léopold..... Nos chers et bien amés les sieurs François Magnien, maître de notre hôtel ; Joseph Crétal, prévôt

1. Arch. dép. Nancy, B, 139, p. 203.

de Châtel; François Dordelu [1], l'un de nos gentilshommes ordinaires, et François Dubois, gentilhomme verrier demeurant à Portieux,..... nous ont fait remontrer que la Société qui est entre eux pour la manufacture de verre devant finir à la fin de la présente année, ils en ont contracté une nouvelle par acte du 18 du courant pour le temps et espace de vingt années,..... et comme elle ne peut avoir son exécution que préalablement elle ne soit par nous autorisée, et nous ont humblement fait supplier de vouloir leur en accorder nos lettres de confirmation à ce nécessaires.... A ces causes,..... voulant leur donner les moyens de soutenir *l'établissement de la manufacture de glaces de même que celles des verres ronds,* verres à boire et autres verreries,.....

---

1. A quelle époque remontait cette association? Elle existait sûrement avant le renouvellement, en 1718, du privilège. Dès 1702, Dordelu était venu habiter Portieux.

Joseph Crétal-Mengin fut nommé, le 6 septembre 1698, capitaine-prévôt de la prévôté de Châtel; il fut anobli le 10 avril 1716.

C'était un ancien cavalier du régiment de cuirassiers du prince de Commercy; il y était devenu quartier-maître et capitaine. (*Complément du nobiliaire de Lorraine.* Lepage et Germain.)

Un Dordelu, Claude, fut anobli le 15 mai 1672; il était conseiller-secrétaire ordinaire de la Chambre du roi Louis XIV. Il devint ensuite conseiller d'État de Léopold et en la cour souveraine de Lorraine.

François Dordelu, celui qui figure dans l'acte d'association, était fils du précédent, gentilhomme ordinaire de Léopold, et devint écuyer et avocat à la chambre de consultation établie par Stanislas.

La fabrique de glaces, de miroirs et de carrosses, avait été créée complètement en dehors de l'association avec Crétal et Dordelu.

De 1714 à 1718, il y avait donc deux sociétés:

1º Verreries du village Portieux et de la Fontaine de Villers; — Magnien, Dordelu, Crétal et Dubois.

2º Verrerie de Fraize pour les glaces; — Magnien et Dumanoir.

Je n'ai pu savoir comment se rompit l'association entre Dumanoir et Magnien.

nous avons agréé, approuvé et confirmé et par ces présentes, agréons, approuvons, confirmons ledit acte de Société.....

« Et, à cet effet, avons par grâce spéciale et en faveur de ladite Société, prorogé encore pour vingt années..... les privilèges par nous accordés, sur ce, audit sieur Magnien..... » 22 juillet 1718.

Cette nouvelle association, la prorogation du privilège, et surtout la réunion des trois usines dans une même Société, sous une même direction, furent l'occasion de grands changements :

La verrerie établie au village de Portieux fut abandonnée et démolie ; celle de la Fontaine de Viller fermée, et toute la fabrication concentrée dans l'usine de Fraize.

La verrerie de Portieux avait vécu treize ans, de 1705 à 1718.

Celle de la Fontaine de Viller, huit années, de 1710 à 1718.

Un tarif avait été imposé à l'usine ainsi transformée :

« *Tarif de partie des ouvrages desdites verreries, verres en rond, aussi beaux et aussi fins que les plus beaux de France, et une fois plus épais :*

Carreaux de 6 pouces de hauteur sur 4 pouces de largeur	. . 3 sols.
— 7 —	— 5 —	— . . 4 —
— 8 —	— 6 —	— . . 6 —
— 9 —	— 7 —	— . . 8 —
— 10 —	— 8 —	— . . 10 —
— 11 —	— 9 —	— . . 12 —
— 12 —	— 10 —	— . . 14 —
— 13 —	— 11 —	— . . 17 —
— 14 —	— 12 —	— . . 22 —
— 15 —	— 12 —	— . . 25 —
— 16 —	— 12 —	— . . 30 —

« On trouve dans la même manufacture des verres de

vitres en lien plus communs depuis 40 livres jusqu'à 3^{lr},12 ; le tout pris au magasin de ladite verrerie.

« Il s'y fait aussi des glaces de miroirs et carrosses depuis 30 jusqu'à 35 pouces et leur largeur à proportion.

« Il s'y trouve encore une quatrième verrerie de verres à boire façonnés et unis, tout des plus fins et assortiment de toute sorte de verrerie de différente manière.

« Ils se distribuent à Portieux et à la forêt de Fraize. »

Jusqu'à présent, cette usine avait porté les noms de : *Fraize* ou *des 400 arpents* ; nous allons bientôt voir le duc lui donner le nom de son fondateur, celui de Magnienville.

« Léopold,..... etc..... Le sieur Magnien expose que pour lui faciliter l'établissement des verreries,..... nous lui aurions érigé en fief à Portieux, 150 jours de terre (1709), 400 arpens de bois (1716)....[1] que quoiqu'il eût déjà (1715), lors de cette érection, deux verreries (Fraize et Viller)..... cette grâce lui a donné lieu de transférer une troisième verrerie qu'il avait ailleurs (Portieux), en sorte que ces trois verreries jointes et réunies dans un seul et même endroit forment un établissement considérable et y attirent quantité d'ouvriers de toutes sortes qui s'y cantonnent et forment déjà dans cette forêt une espèce de village qui s'augmentera..... Le suppliant espère même y bâtir un logement pour lui et y bâtir une chapelle pour la commodité de ses domestiques, commis, employés, ou-

---

1. Le fief de Portieux se composait des halles, maisons nécessaires à la verrerie, de terrains, prés, etc... et datant de 1709.

En 1716, le duc avait ajouté à ce fief les 400 arpents de forêts et le terrain de Villers.

Il était donc naturel que Magnien demanda à ce que l'on fit rentrer dans le nouveau fief de Magnienville, ces 400 arpents de bois, et le terrain de l'ancienne verrerie de Villers, qui se trouvaient sur place. (Arch. dép. Nancy, B, 223, p. 43.)

vriers, avec une marcairie et bergerie, ce qu'il pourrait faire avec plus de facilité si on lui cédait 47 arpens de bois ou environ qui nous appartiennent, aboutissant sur le ban dudit Portieux, séparés seulement des 400 arpens par des prés, des deux rives du ruisseau qui prend sa source à Moriville et tombe dans la Moselle au-dessous de Portieux..... de lui accorder ledit ruisseau depuis le pied cornier du bois de Fraze (Fraize) jusqu'au ban dudit prieuré de Belval, avec faculté d'y bâtir un moulin à la banalité duquel' tous les résidents dans les verreries demeureront sujets..... de distraire de son fief de Portieux les 400 arpens de bois où leurs verreries sont construites..... l'enclos de l'ancienne verrerie (Fontaine de Viller),..... de joindre et unir le tout et l'ériger en haute, moyenne et basse justice sous le nom de *Magnienville*..... pour en jouir aux droits et privilèges dont jouissent les terres de pareille nature et de lui en faire expédier les lettres à ce nécessaires.....

« A quoi inclinant..... », le duc accorda le tout, les 47 arpens et érigea en haute, moyenne et basse justice sous le nom de Magnienville, le domaine de Magnien (10 février 1722).

Cette fois, la Chambre souveraine se refusa à entériner la nouvelle faveur faite à Magnien. Le duc prit parti pour son favori et écrivit à la Chambre :

« Très chers et féaux,..... par nos lettres patentes du 10 février dernier, nous avons cédé, abandonné, à François Magnien,..... etc......... etc.....

« Étant informé que vous faites difficultés d'entériner lesdites lettres, nous vous faisons la présente pour vous dire que, sans apporter de votre part aucune modification ni restriction, vous ayez à procéder à l'enthérinement pur et simple desdites lettres patentes pour jouir par l'impétrant du bénéfice d'icelles sans attendre de nous, autre ordre ni mandement plus spécial que les présentes..... Vous relevant, dispensant, pour cette fois seulement et sans tirer à conséquence du serment que vous nous avez prêté de ne consentir à aucune aliénation des biens de notre domaine.

« Fait à Lunéville, le 12 avril 1722[1]. »

« Signé : LÉOPOLD. »

La Chambre s'exécuta, et le 15 avril 1722 les lettres patentes furent entérinées.

Voilà Magnien devenu seigneur de Magnienville, mais il ne l'était qu'à la condition et aussi longtemps « que les verreries subsisteront et travailleront, comme elles font à présent..... ». Il obtint encore de la faveur du souverain la suppression de cette clause si dangereuse pour sa nouvelle seigneurie, d'autant qu'il venait d'être obligé de cesser la fabrication des glaces :

« Léopold,..... etc..... François Magnien nous a fait représenter que par nos lettres patentes du 10 février 1722 nous lui aurions érigé en haute, moyenne et basse justice, sous le nom de Magnienville, son domaine pour en jouir seulement tant et si longtemps que les verreries subsisteraient et travailleraient comme elles faisaient pour lors..... Que pour mettre de plus en plus cette verrerie en état de perfection, en faire continuer et augmenter le travail, ledit Magnien est dans le dessein d'y joindre de nouveaux héritages, d'y faire construire une maison seigneuriale et autres bâtiments qui lui coûteront une somme très considérable, s'il nous plaisait lever la restriction insérée dans nosdites lettres patentes du 10 février 1722 portant qu'il ne jouirait du bénéfice d'icelles qu'autant que lesdites verreries subsis-

1. Arch. dép. Nancy, B, 223, p. 43.

teraient et travailleraient, car autrement la dépense qu'il projette lui deviendrait inutile de même qu'à ses enfants si par des événements imprévus le travail de ladite verrerie venait à cesser et qu'en ce cas, ils seraient privés de la jouissance desdits 47 arpens de bois; desdits, de haute justice et autres à lui accordés..... Nous avons levé..... par ces présentes la restriction insérée dans nosdites lettres patentes du 10 février 1722..... » 15 décembre 1724[1].

Le seigneur de Magnienville rendit hommage de son nouveau fief et prêta serment de fidélité au duc, le 23 avril 1727 :

« Lettres patentes des reprises, foi, hommage et prestation de serment de fidélité, délivrées à Magnien, à cause des seigneuries de Magnienville, Langley et Portieux, appartenances et dépendances, mouvant et retenant de nous..... Pour raison de quoi il s'est avoué et reconnu notre homme et vassal-lige, a juré et promis de nous rendre tous les devoirs et services ainsi que tout bon et fidèle vassal est attenu et obligé envers son seigneur.....

« .....Auxquels reprises, foi et hommage et serment de fidélité nous avons fait recevoir ledit sieur Magnien par notre très cher et féal cousin, M. Marc de Beauveau, prince de Craon,..... par nous commis à cet effet..... » 23 avril 1727[2].

Quelque temps auparavant (1724), Magnien avait résigné ses fonctions de contrôleur de l'hôtel du duc; « il se retirait, disait-il, pour vaquer avec plus de liberté aux affaires de son salut et à celles de sa famille........ » Léopold, par arrêt du 1er septembre 1724, accepta cette

---

1. Arch. dép. Nancy, B, 22, p. 175.
2. Arch. dép. Nancy, B, 225, p. 118.

démission, mais lui donna une pension de 800 livres à prendre « sur le produit de son domaine de Châtel[1] ».

Par tout ce qui précède, nous sommes définitivement fixés sur les origines de la verrerie de Portieux : résumons :

En 1698, Léopold accorde un privilège à la verrerie de Tonnoy.

Celle-ci cesse son travail vers 1702; usine et privilège sont tranférés à Portieux.

La verrerie de Portieux (village) est ouverte en 1705; Magnien, son fondateur, installe à la Fontaine de Viller un second four, 1710.

1714 : construction d'une manufacture de glaces dans la verrerie de Fraize.

1718 : fermeture de la verrerie de Portieux ainsi que de celle de Viller. Tout est centralisé dans la verrerie de Fraize.

1722 : l'usine de Fraize est transformée en fief de haute, moyenne et basse justice, sous le nom de Magnienville et au profit de Magnien.

---

1. Arch. dép. Nancy, B, 229, p. 79.

La retraite de Magnien fut-elle définitive ? On pourrait en douter ; car aux funérailles de Léopold, le 7 juin 1729, nous le voyons figurer en sa qualité de maître d'hôtel avec ses collègues Noël et Wolf « en cottes et crèpes razant terre ». (*Relation de la pompe funèbre faite à Nancy aux obsèques de Léopold*, p. 22, 1730.)

IV.

Après des déplacements successifs : de Tonnoy à Portieux, à la Fontaine de Viller, à Fraize enfin, l'usine était bien, cette fois, définitivement fixée aux lieux qu'elle ne devait plus quitter.

Située sur la rive gauche du ruisseau le Rochon (ou Mori), à la lisière de la forêt de Fraize qui, à l'origine, l'enveloppait presque entièrement, la verrerie, à l'époque où elle fut transformée en fief sous le nom de Magnienville, était encore un bien modeste établissement.

Un plan de 1721, conservé aux archives de la verrerie de Portieux, indique cinq bâtiments, trois à Fraize, deux à Viller ; ceux-ci abandonnés depuis 1718.

Aussi bien, l'emplacement était bien choisi : on trouvait à discrétion et pour rien le combustible dans ces immenses forêts, à peu près inexploitées à cette époque ; le salin était fourni par les herbes, les fougères de ces mêmes forêts ; à ce moment enfin, Léopold entreprenait (1725-1726) ce grand travail de construction de routes — de chaussées — qui ne pouvait que rendre les plus grands services à l'industrie.

Quoique les villages de Portieux, de Moriville fussent proches, l'ouvrier verrier préférait vivre aux alentours de l'usine, il se cantonnait dans la forêt, ainsi que le disait Magnien dans une de ses suppliques au duc.

Comme le bûcheron, le charbonnier, le verrier, qui était aussi un homme des bois, aimait à vivre dans la forêt : rude, ignorant, il était peu au courant de ce qui se passait au dehors de sa forêt, de son four..... Un jour, le roi Stanislas visitant l'usine de Portieux, s'assit sur un banc de verrier, regardant travailler..... Arrive le verrier qui, trouvant son banc occupé, pousse le roi, disant : *Roté vo de lé, vo me géné !* (Otez-vous de là, vous me gênez).

Il ne pouvait en être autrement ; comment, à cette époque d'installations industrielles primitives, aurait-on pu « transférer de forêt en forêt » ces halles et fours ?

On allait camper à portée du combustible : il était plus aisé de transporter du verre que du bois.

La verrerie, définitivement fixée à Magnienville, allait sortir de sa période d'enfantement et se faire un renom avec ses produits.

Malgré les faveurs de Léopold, la fabrication des glaces ne put lutter avec les produits français : la manufacture de Paris, raconte Durival, s'était émue de cette création, et pour tuer une concurrence qui pouvait devenir d'autant plus sérieuse qu'elle était favorisée par le duc, se mit à vendre ses glaces, en Lorraine, à très bas prix, à perte même.

La fabrication des glaces pour miroirs et carrosses cessa entièrement, à Portieux, vers 1722 ou 1723. C'est sans doute en partie pour cela que Magnien sollicita et obtint la révocation de cette clause des lettres patentes du 10 février 1722, qui limitait la durée de la jouissance du fief de Magnienville à celle de l'usine.

Pour les autres produits, Magnienville soutenait avec avantage la lutte.

M. d'Audiffret[1], envoyé de France près la cour de Lorraine, dans un mémoire manuscrit écrivait au sujet des verreries : « Il y en a plusieurs, dont celle de Portieux, dans la forêt de Châtel, à une lieue de Charmes, est la plus considérable pour la qualité et le débit des verres ; il y a trois fourneaux : un pour les verres à boire, un autre pour les verres en lien et à queue de morue, et un troisième de verres en rond pour faire, comme en Normandie, de grands, moyens et de petits carreaux pour vitrages en bois et en plomb..... Il s'en fait un grand débit jusqu'à Paris...... »

Ainsi, en dehors des glaces, la fabrication des autres produits était prospère : cent ouvriers étaient occupés à l'usine.....

Magnien devait être satisfait ; il faut avouer qu'on l'eût été à moins :

Emplacements, combustible, bois pour la construction des halles, magasins, halliers, séchoirs, lui étaient donnés gratuitement ;

Monopole de fabrication et vente, au moins pendant les premières années ;

Subventions et dons de terres et prés..... ;

Droits productifs qui étaient la conséquence de l'érection en fief de haute, moyenne et basse justice de son usine....

Si Magnien n'avait qu'à se louer du prince, il ne pouvait en dire autant de ses voisins les moines de Belval[2] :

Le modeste ruisseau qui coule à la verrerie, à Belval,

---

1. M. d'Audiffret, né à Draguignan, est mort à Nancy en 1733, à l'âge de 76 ans. L'époque à laquelle il écrivait correspond bien à celle qui nous occupe. Il fut envoyé comme représentant de France en 1702, il occupa ses fonctions jusqu'en 1732 (29 juin).

2. Le prieuré de Belval, situé sur la rive gauche du Mori ou Rochon, à 1,500 mètres en aval de la verrerie, avait été fondé en 1107 par Gérard Ier, comte de Vaudémont et fils de Gérard d'Alsace. —

allait être la cause d'un long procès; d'un procès de douze
années! — 1720-1732.

Dans la nuit du 18 au 19 mars 1719, Clément Grand-
george et Pierre Mourot, l'un valet et l'autre cocher de
Magnien, Joseph et Claude Houel [1], « souffleurs en la
verrerie des glaces à Fraize », s'en allèrent pêcher dans le

L'église fut achevée en 1134.   Ce prieuré fut donné au couvent de
Moyenmoutier.

Les comtes de Vaudémont, par la suite, augmentèrent considérablement les biens du prieuré, et il se forma autour du couvent un petit
village.

On détacha Belval de la paroisse de Moriville, pour en former une
cure à laquelle on ajouta Portieux. C'étaient les moines de Belval qui
desservaient cette cure.

Les abbés de Moyenmoutier envoyèrent, pour l'église du prieuré,
les reliques de saint Spinule ou Spin. Ce saint fit tellement de mira-
cles après sa mort (VIIe siècle), que saint Hidulphe, fondateur de
Moyenmoutier, dut se rendre sur sa tombe et lui « ordonna par l'o-
béissance qu'il lui avait vouée, de cesser ses opérations miraculeuses,
pour n'y pas attirer trop de monde qui troublerait la paix et le silence
de ses religieux... » Spin obéit.

Le prieuré de Belval, dit Durival, a commencé l'abbaye de Saint-
Léopold de Nancy, qui porta jusqu'en 1701 le nom de prieuré de
Sainte-Croix-de-Belval. Les moines étaient des bénédictins.

En 1752, le prieuré de Belval fut abandonné, et les bâtiments occupés par un fermier.

Dès 1718, le cloître était tombé en vétusté, et l'église ayant été
retranchée de toute la longueur de la nef, les corps des particuliers
inhumés dans le cimetière au-devant de l'église furent transportés à
Portieux.

Gérard de Vaudémont, fondateur du prieuré, avait été inhumé dans
ce prieuré en 1718; Dom Calmet fit enlever ses ossements et les fit
transporter à l'abbaye de Saint-Léopold à Nancy.

Belval fut acheté, pendant la Révolution, comme bien national, par
M. Lamy, un des propriétaires de la verrerie de Portieux.

Le prieuré de Belval « valait 600 écus, année commune », de revenu.

1. Claude et Joseph Houel, « souffleurs en la verrerie de glaces »,

ruisseau, sur le territoire de Belval. Surpris, procès-verbal leur fut dressé. Il n'en fallut pas plus pour allumer la guerre.

Magnien, qui voulait contester au moins la jouissance du ruisseau, même sur le ban de Belval, prit fait et cause pour les délinquants. Ceux-ci, pourtant, furent condamnés à 25 fr. d'amende, le 16 janvier 1720, par sentence de la gruerie de Châtel : les moines « étaient maintenus et gardés dans la possession et jouissance du ruisseau dans l'étendue du ban de Belval..... ».

Magnien appela de ce jugement.

Dans l'intervalle, son usine fut transformée en fief de haute, moyenne et basse justice ; aussitôt il prétend qu'en vertu des lettres patentes (10 février 1722) qui avaient érigé en fief son domaine, il se considère comme exerçant les droits du domaine du souverain en la propriété des cours d'eau et de la pêche du ruisseau, depuis le ban de Moriville jusqu'à la Moselle.

Sans attendre, les moines avaient fait opposition à l'entérinement desdites lettres patentes « quant au chef concernant ledit ruisseau de Belval ».

On se dispute, on plaide pour des terrains, des limites de forêts, des droits de pâture et autres,..... on demande des abornements.....

Magnien commence la construction d'un moulin ; les moines s'y opposent, ils en ont un au village de Portieux.

Ils empêchent Magnien de traverser leur territoire pour aller à ce même village.....

---

ainsi que leurs descendants, n'ont jamais quitté la verrerie de Portieux. Il y a encore aujourd'hui des descendants de ces Houel qui sont verriers à Portieux. Ainsi, il y a au moins 165 *ans* que cette famille travaille à la verrerie de Portieux. Il est probable qu'elle y était dès l'origine, en 1705.

Magnien riposte en interdisant au bétail des moines de traverser le ban de Magnienville pour aller pâturer sur le territoire de Moriville; car les moines ont loué aux habitants de cette commune le droit de pâturage..... Magnien demande l'annulation de cette convention avec Moriville,... il demande aussi un chemin sur Portieux à travers la propriété du couvent.....

Tout cela accompagné d'assignations, requêtes, oppositions, mémoires à l'appui; pour chacune des questions on épuise toutes les juridictions.....

Les moines n'ont pas toujours gain de cause; aussi, exaspérés, ils en viennent dans leurs requêtes à insulter les juges; ils s'adressent au souverain :

« .....Ce n'est point assez de faire des oppositions, il faut aller au prince que l'on a vilainement surpris et à qui on a impunément menti..... Allez donc sans perdre de temps au Prince (écrivent-ils), détrompez-le et attaquez vigoureusement notre insatiable ennemi; ne ménagez rien, il ne le mérite pas. L'affaire est de la dernière importance; si vous ne la faites changer, Belval est abîmé..... Si je suis nécessaire à Lunéville, vous pouvez faire envoyer un confesseur ici, ou y venir vous-même conférer avec moi et prendre des instructions de gens qui nous veulent du bien.....

« Il (Magnien) a fait arpenter la fouillie le Multier, je ne sais à quel dessein. *Nous nous sommes vus et fait force caresses* (!).....

« Si vous pouviez placer un des fils du pauvre Gérardin pour servir dans quelqu'une de nos maisons, vous feriez une grande charité : M. Magnien vient de les abîmer; c'est un tonnerre qui tonne et menace tout le monde.....

(6 mars 1722.)   « MASSU DE FLEURY,
                      « Administrateur de Belval. »

Les pauvres moines jouaient de malheur ; ils avaient produit leurs titres de propriété ; on ne les leur rendait pas. Étaient-ils égarés ou supprimés ?

Aussi, à la veille du jugement, ils demandent la permission de « fulminer le monitoire par eux obtenu, à l'effet de récupérer leurs titres originaux de fondation du prieuré de Belval..... ».

Enfin, après douze années de chicanes, la question de jouissance du ruisseau, le droit de construire le moulin de Magnienville, etc., fut résolue par jugement du 5 août 1732.

Le jugement du 16 janvier 1720 était annulé ; Magnien pouvait continuer la construction de son moulin ; et « pour l'empêchement de la part des bénédictins, iceux condamnés en deux cents livres dommages et intérêts envers ledit Magnien..... ». Malgré l'annulation du jugement de la gruerie de Châtel, la pêche dans le ruisseau demeurera le droit du domaine réduit aux bans de Magnienville et Moriville ; avec défense aux bénédictins d'y pêcher, sauf à eux d'y pêcher dans l'étendue de leur ban comme en faisant partie.

Abornement sera fait conformément au plan dressé en 1726.

La transaction entre les habitants de Moriville et les moines de Belval, au sujet de la pâture, est annulée.....

Enfin, le souverain ordonne que les « termes irrespectueux contre le substitut du procureur général, répandus dans les écritures des bénédictins, demeureront supprimés [1]..... ».

Au moment où cet arrêt fut rendu, Magnien n'était plus propriétaire de la verrerie.

---

1. Pour tout ce qui concerne ces longs et embrouillés procès, voir Arch. dép., H, 34, 1732. Nancy.

Le duc Léopold était un prodigue; nous l'avons vu par la manière dont il avait traité et doté le fondateur de la verrerie. Jamais il n'avait voulu augmenter les impôts; aussi, après avoir épuisé toutes les ressources d'une administration aux abois, il avait fini par se trouver dans un embarras financier des plus graves.

Il lui fallut (1726) restreindre ses prodigalités.

A sa mort (27 mars 1729), le déficit était encore considérable, les dettes nombreuses.

François III, son fils et successeur, voulant rétablir ses finances, commit de criantes injustices :

Sans égards pour la mémoire de son père, il révoqua et annula (14 juillet 1729) toutes « les aliénations faites, depuis 1697, de toutes terres et seigneuries, biens et droits dépendant ci-devant de notre domaine..... »; il reprit purement et simplement tout ce que son père avait donné depuis 32 années, et cela « nonobstant, disait l'édit, toutes concessions, donations, contrats de vente, d'échange ou d'engagements, ascensements perpétuels ou à vie, sauf aux détenteurs actuels desdits domaines aliénés, qui se croiront fondés en prétentions légitimes de nous les faire connaître [1]..... ».

Une commission était nommée (6 août 1729) pour décider des réclamations.

Cet édit visait certains favoris de l'ancien duc, mais on l'appliqua indistinctement à tout le monde; grands et petits furent obligés de restituer ce qu'ils devaient à la générosité de Léopold. Magnien était de ceux-là.

Il fut dépouillé du fief de Portieux avec ses 150 jours de terres et ses 40 fauchées de prés; du fief de Magnienville

---

[1]. Recueil des ordonnances, t. V.

érigé en haute, moyenne et basse justice, comprenant l'usine, 447 arpents de forêts, des terres, des prés, etc....

On conçoit l'émotion que dut causer dans le pays un tel acte : la consternation, écrivait[1] d'Audiffret, et le murmure étaient universels ; ils étaient nombreux, en effet, ceux qui avaient profité des prodigalités de Léopold ; d'un autre côté, on comprendra quel trouble cet édit dut apporter dans la fortune des intéressés. On remontait à plus de trente années ! Nombre des favorisés étaient morts, leurs enfants s'étaient partagé ces donations ; d'autres avaient été vendues, échangées.....

Les protestations furent nombreuses.

Le premier président de la Chambre des comptes, M. Lefebvre, ami fidèle et bon conseiller de Léopold, n'hésita pas à présenter au nouveau duc de courageuses remontrances :

« .....Voilà, Monseigneur, le précis de l'ordonnance du mois de juillet dernier qui renversera la fortune de la plupart de votre noblesse, soit par leur dépouillement actuel, soit par les procès que les partages et autres actes faits en famille causeront pour leur garantie, ce qui va mettre les gens dans un désordre entier. C'est la triste situation de vos peuples quand ils ont le bonheur de vous voir arriver, et il n'y a que l'espérance de voir adoucir leurs peines qui puisse les soutenir et animer leur zèle pour témoigner de la joie dans cette conjonction[2].... »

---

1. Voir : *Histoire de la réunion de la Lorraine à la France*, par M. d'Haussonville, t. IV, chap. XXXIX. Digot, *Histoire de Lorraine*, t. VI.

2. François III avait aussi frappé d'un impôt tous les anoblis depuis 1697. Le président Lefebvre, dans ce même mémoire, protestait aussi contre cette mesure :

« ... On lui fait encore un crime (au duc Léopold) sur les anoblis-

Le duc n'écouta rien ; plusieurs délais furent accordés pour la production de réclamations, et finalement le fief de Magnienville et la verrerie devinrent, comme bien d'autres, propriété domaniale.

Par arrêt du 24 mars 1733, Magnien était définitivement dépossédé — par éviction — de son fief et de la verrerie ; une indemnité, ainsi que nous le verrons plus loin, lui était pourtant accordée.

Cette indemnité, Magnien ne devait pas la toucher, ce ne fut que bien des années après (1765) que ses héritiers devaient la recevoir.

En 1735, le duc François abandonna la Lorraine, qu'il cédait à la France, pour devenir bientôt empereur d'Autriche ; une convention, en date du 28 août 1736, passée entre l'empereur et le roi de France, régla la manière dont devaient être liquidées les dettes d'État et hypothèques sur les domaines des duchés de Lorraine et Bar ; une commission avait été nommée.

Cette liquidation, en ce qui concerne la verrerie de Magnienville, ne fut terminée qu'en 1765.

-----

sements qu'il a accordés ; on les regarde tous, sans distinction, comme des grâces répandues sans réflexion et on flétrit par l'égalité d'une taxe celles que le vrai mérite et les bons services ont légitimement procurées avec celles que la faveur des courtisans a fait donner à quelques gens qui ne les eussent pas obtenues sans cela. Il est certain que cette injuste confusion tient fort à cœur aux anoblis par mérite... » (Bibliothèque de Nancy, vol. n° 215, p. 50 (verso) ; pièces qui ont trait à l'histoire de Lorraine.)

Cette remontrance était la défense de l'administration de Léopold vis-à-vis du nouveau duc.

Lefebvre dut défendre la mémoire du père vis-à-vis du fils ! (Voir : *Histoire de la réunion de la Lorraine à la France*, ch. XXXIX, t. IV, par M. d'Haussonville.)

L'arrêt d'éviction du 24 mars 1733 allouait, à titre d'indemnité, à Magnien, 4,400 livres argent de Lorraine, ou 3,400 livres argent de France, pour la verrerie et le fief.

La commission de liquidation reconnut les droits des descendants de Magnien, décida que les intérêts devaient en être payés et que ceux-ci remonteraient au 1er avril 1737; ces intérêts s'élevèrent à 6,160 livres argent de Lorraine ou 4,769 livres argent de France.

Le même arrêt d'éviction du 24 mars 1733 avait accordé pour le fief primitif de Portieux (village) une indemnité de 2,400 livres (1,858 livres de France); les intérêts en furent également accordés et s'élevèrent à 3,360 livres (2,601 livres argent de France)[1].

Enfin, en 1763 (15 août), le Conseil de Lorraine, faisant droit à une autre réclamation des héritiers de Magnien, ordonna le paiement de « 3,000 livres pour appointements dus à leur aïeul Magnien, maître d'hôtel du duc Léopold,.... 1,100 livres pour fournitures de verres[2]..... ».

L'abornement limitant, à Magnienville, les propriétés que Magnien avait achetées personnellement d'avec celles que Léopold lui avait données et que l'édit de juillet 1729 lui reprenait, fut fait le 9 mai 1733.

Le privilège de 20 ans accordé à Magnien et ses associés fut pourtant respecté, et ils purent, jusqu'à son expiration (1738), continuer à exploiter l'usine.

A partir de cette époque (1738), la jouissance de l'usine, devenue propriété domaniale, fut mise en adjudication, ainsi que nous le verrons dans le chapitre suivant.

---

1. Archives nationales, P, 2912.
2. Archives nationales, P, 2912.

V.

La verrerie affermée par le domaine. — Elle est fermée en 1751. — La famille Mougin. — Réparations (1762 et 1780). — Elle est vendue comme bien national.

L'usine, devenue propriété domaniale, avait été laissée aux associés de Magnien jusqu'à la fin du privilège de vingt années qui leur avait été accordé (1718-1738).

Cette période expirée, malgré une demande de prolongation pendant quinze années, faite par Dordelu, la location de l'usine fut mise aux enchères publiques.

La durée du bail était de onze années neuf mois, à commencer du 1er janvier 1739.

L'adjudicataire jouissait de tous les privilèges des lettres patentes du 15 septembre 1698 :

Il devait fabriquer, verres, cristaux, cristallins et autres ouvrages de verreries..... et se conformer au tarif ci-devant fait pour ladite manufacture.....

On devait lui délivrer annuellement la coupe de 50 arpents de souille à prendre dans les forêts de Terne et Fraize,..... dont il payait le prix sur le pied de 60 livres l'arpent.....

Les bois nécessaires à l'entretien des bâtiments lui étaient fournis comme aux usagers.....

La mise à prix était de mille francs.

Dordelu se retira. Il resta en présence les sieurs Cogney, de Rambervillers, et Daix.

Cogney eut l'usine moyennant le prix de 2,410 livres ;

mais il rétrocéda cette ferme à Daix, ce qui fut accepté par le domaine (22 septembre 1738)[1].

Le prix de location, avec la redevance de 60 francs pour chacun des 50 arpents, s'élevait à 5,410 livres.

Daix avait pour associés Jean Fuster, l'un des valets de chambre de S. M. (Stanislas); Emmanuel Héré, capitaine du château de Lunéville, et Jacques Chambrette, maître de la manufacture de faïences de Lunéville.

Le 9 janvier 1740, Daix et ses associés demandèrent la permission de créer un nouveau four :

« Ils ont fait venir, disaient-ils, des ouvriers de Bohême et d'autres pays étrangers,..... ils désirent de faire travailler à la mode de ces pays pour des raisons essentielles et intéressantes au bien public..... Ils prouveront que six carreaux de verre qu'ils vont fabriquer auront 20 pouces de hauteur sur 16 de large chacun, donneront les 640 pouces carrés de plus qu'un verre rond..... Lesdits verres et carreaux seront plus droits, plus égaux dans leur épaisseur et néanmoins ne coûteront pas plus cher qu'un verre en rond..... Ils demandent la permission de faire construire un fourneau propre à la fabrication des carreaux ci-dessus expliqués[2]..... »

Mais la crise qui fut la suite de droits considérables, imposés par la France aux verres lorrains, dut singulièrement gêner Daix et arrêter toute espèce de transformation ; à l'expiration de son bail, il n'en demanda pas le renouvellement.

Le 1er octobre 1750, la verrerie eut pour nouveau fermier Louis Dietrich, aux mêmes prix et conditions que son prédécesseur. Dietrich ne put résister à la crise, et, dès 1751, l'usine était fermée. (Voir plus loin : Chapitre VII.)

---

1. Archives de la verrerie de Portieux.
2. Archives de la verrerie de Portieux.

Il rétrocéda (1752) son bail, à perte, à Barthélemy Anciaux et Dupré : ceux-ci payaient pour les trois premières
années 3,000 livres, 4,000 livres pour les suivantes.

Dietrich obtint du roi Stanislas d'être déchargé du paiement des 50 arpents qui furent, à l'avenir, donnés gratuitement.

Anciaux jouit de l'usine jusqu'en 1770.

Le bail qu'il avait repris de Dietrich expirait en 1756 ; il
fut prorogé une première fois de cinq années (1756-1761)
et une seconde de neuf années (1761-1770).

Le prix, pour les deux derniers baux, s'élevait à
6,000 livres.

Après l'abaissement des droits imposés par la France à
l'entrée des verres lorrains, il y eut une forte reprise dans
la fabrication des verreries.

L'usine, fort délabrée, avait besoin de grosses réparations ; de plus, par suite de cette reprise, Anciaux installa
un second four, ce qui nécessita de nouvelles constructions :
halles, séchoirs, magasins et « autres accessoires nécessaires
à l'établissement d'un second four..... ».

Ces travaux faits par le domaine, sauf le four, s'élevèrent
à 6,994 livres 9 sols 4 deniers, et furent exécutés par
Joseph Mengin, entrepreneur à Lunéville (1762).

Avec deux fours, l'ancienne affectation de 50 arpents ne
suffisant plus, Anciaux en demanda une nouvelle :

« .....La consommation du bois peut se porter annuellement à 3,000 cordes pour l'usine ainsi agrandie, et les
50 arpents n'en produisent que mille..... Les suppliants
veulent augmenter leur usine et la rendre la rivale de Saint-
Quirin[1]..... »

_____

1. *Saint-Quirin,* « dont les miroirs se transportaient dans toute la

On accorda 64 nouveaux arpents à prendre « en suite des coupes en usance de la verrerie de Portieux, à charge de payer annuellement soixante livres par chacun des 64 arpens ». (11 mai 1763.)

Anciaux mourut en 1770, au moment de l'expiration de son bail.

M. Lamy, propriétaire à Blénod-lès-Pont-à-Mousson, lui succéda. Il avait pour associés : Jean-Jacques Sigu, négociant à Cheminot ; Nicolas-Charles Serva, avocat à la Cour ; Jacques Bour, Laurent Sigu et Claude Royer ; ces trois derniers négociants à Pont-à-Mousson. Ch. Serva était le directeur de l'usine [1].

---

chrétienté », existait sûrement au xvie siècle ; c'est elle qui fabriqua les glaces destinées au palais ducal (1594).

Elle succomba au xviie siècle par suite des calamités qui accablèrent la Lorraine pendant le règne de Charles IV.

Elle ne réapparaît qu'un siècle après, au milieu du xviiie siècle.

Elle était si bien disparue, qu'il est question d'*établissement* et non de *reconstruction* ; ce furent les religieux de Saint-Quirin qui la fondèrent à nouveau, en 1739.

L'abbé de Marmoutier et Placide Schweikeusei, prieur de Saint-Quirin, passèrent, pour 99 ans, bail emphytéotique d'un canton de forêt appelé Lettenbach, au sieur Renaud, à charge pour lui d'y établir une verrerie de 8 ouvriers (1739). Renaud ne s'étant pas trouvé en état de monter un établissement de cette nature, s'associa le sieur Drolenvaux, dont le génie, le talent et l'industrie étaient connus.

Cette verrerie prospéra très vite, et en 1756 fut honorée du titre de manufacture royale... (Voir : H. Lepage, ouvrage cité, pages 45, 57 et suivantes.)

Anciaux (Barthelémy) habitait Rambervillers ; il était sous-fermier des domaines du roi. C'est peut-être à ce titre qu'il fut obligé de reprendre la verrerie louée à Dietrich en 1750.

1. C'est en qualité de directeur que Serva, assisté de Roger (Claude), renouvela le bail (1775-1784). Voici la teneur de ce bail :

« Les sieurs Serva et Claude Royer, commerçants à Pont-à-Mousson, prennent à titre de bail pour neuf années le domaine de Magnienville pour en jouir comme ils en jouissaient en vertu du bail du 20 janvier

Le bail était d'une durée de cinq années (1770-1775) et le prix de 7,300 livres; il fut renouvelé, au même prix, pour une nouvelle période de neuf années (1775-1784).

En 1778, Jacques Bour prit la direction de l'usine en place de Serva[1].

C'est à cette époque, 1770, que la famille de M. Mougin, directeur de l'usine actuelle, prit possession de la verrerie de Portieux, comme fermiers d'abord, comme propriétaires ensuite; il y a donc 116 années que la famille de M. Mougin dirige l'exploitation de la verrerie de Portieux : M. Lamy, fermier en 1770, puis acquéreur en 1796 avec son gendre, M. Jacques Bour; M. Jacques Mougin, gendre de M. Jacques Bour; M. Édouard Mougin, son fils; Xavier Mougin, fils d'Édouard et directeur actuel de la verrerie de Portieux[2].

Au moment de la reprise de l'usine par M. Lamy et ses associés, procès-verbal d'état des lieux fut dressé au nom

---

1770, et comme ledit Jean Martin a « droit d'en jouir... » Cet acte fut passé en l'étude de M° Gerbaut, notaire à Charmes. (Archives de la verrerie de Portieux.)

Jean Martin était sous-fermier du domaine pour la région de Lorraine. Il n'y avait donc plus d'adjudications à faire, on pouvait traiter à l'amiable avec les fermiers-généraux ou leurs sous-fermiers.

1. A cette époque (1778), il y eut une crise des plus graves, comme nous le verrons plus loin. Il y eut séparation entre les associés; M. Lamy et son gendre, M. J. Bour, restèrent seuls fermiers de l'usine.

2. M. Lamy habitait Blénod près Pont-à-Mousson.

Une de ses filles épousa M. J. Bour ; de ce mariage naquirent plusieurs enfants dont une, Françoise Bour, se maria avec Jean-Charles Mougin.

(Le père de Jean-Charles Mougin était procureur du roi au Parlement de Metz.)

Jean-Charles Mougin eut, de son mariage avec Françoise Bour, six enfants, dont l'aîné, Jacques-Édouard Mougin, était le père de M. Mougin, directeur actuel de la verrerie.

du roi par M. de Montigny, sous-ingénieur des ponts et chaussées à Lunéville.

Ce travail, qui renferme 220 pages[1], indique les réparations à la charge du domaine, celles à la charge des fermiers ; enfin le détail de tout ce qui appartenait aux fermiers sortants et que leurs successeurs devaient reprendre à dire d'expert.

Une halle avait 64 pieds de longueur sur 40 de largeur ; l'autre, 84 pieds sur 46.

Le lavoir de sable « était formé par une auge de plusieurs madriers, elle a 8 pieds 6 pouces de long sur 3 pieds 4 pouces de large, et reçoit l'eau du petit ruisseau par un chesneau en chêne de 7 toises 5 pieds..... ».

Il y avait un grand bâtiment « pourvu de deux ailes et relié par un corps de logis ; nombre de pavillons et baraques où logeaient les ouvriers.

Un « petit pavillon » était occupé par Pierre Houel ; dans diverses baraques, je trouve les noms suivants d'ouvriers : Bombonnel, François ; Jean Rouyer ; Nicolas Walck, « graveur allemand » ; Destard, commis de la verrerie.

Sur l'emplacement de l'ancienne verrerie de Viller, il existait encore une baraque, mais dans un tel état de vétusté qu'on l'abandonna.

Nous avons dit qu'Anciaux avait construit un second four (1762) ; ce four « à la française » avait été établi aux frais du fermier ; il fut « estimé, au dire des quatre plus anciens ouvriers, valoir les trois quarts d'un four neuf, soit 1,800 livres ; de laquelle somme les fermiers entrants seront obligés de faire état aux fermiers sortants qui ont prouvé.... que le four leur appartenait..... ».

---

1. Archives de Nancy, B, 10720.

Même estimation fut faite pour les outils, etc.....

La chapelle fut établie sous la direction de Serva (1774). (Voir : Chapitre VI.)

A la crise provoquée par la hausse du salin (voir : Chapitre VII), un des fours (1778) fut éteint et la seconde affectation de 64 arpents supprimée.

A ce moment Serva fut remplacé par Jacques Bour dans la direction de l'usine.

En 1780, de grosses réparations s'élevant à 6,810 livres furent faites par le domaine : Pierson, de Lunéville, en était l'entrepreneur.

Deux années avant l'expiration du bail (1782), M. J. Bour en demanda et obtint le renouvellement pour 18 années (1784-1802)[1].

M. Bour prenait à sa charge les grosses réparations qui jusque-là avaient incombé à l'État : le prix fixé à 8,400 livres, l'affectation restant toujours de 50 arpents.

Ce bail n'arriva pas à terme : la verrerie fut vendue et achetée (1796) comme bien national par MM. Lamy et Bour, ses fermiers.

Pour résumer, voici la liste des fermiers qui se sont succédé et la durée de l'exploitation de chacun d'eux :

1° Daix, 1738 à 1750, au prix de 2,410 livres.

2° Dietrich, 1750 à 1752, au prix de 2,410 livres.

3° Anciaux, 1752 à 1770, au prix de 6,000 livres[2].

---

1. Archives de la verrerie de Portieux.

2. SABLE. — Deux procès-verbaux faits à des voituriers nous indiquent les localités où la verrerie allait chercher le sable nécessaire à la fabrication du verre : le 20 mai 1766, procès-verbal fut dressé par ordre du seigneur de Ferrière à deux charretiers, Jean Jacquin et Jean Riquinot, de Portieux, pour avoir chargé du sable à la « Poivrière » de sable, au lieu dit la Côte-Grise, ban de Ferrière.

Le 31 mai suivant, le fermier Anciaux fit signifier par huissier, au

4° Lamy et Serva, 1770 à 1784, au prix de 7,300 livres.

5° Lamy et Bour, 1784 à 1796, au prix de 8,400 livres.

---

seigneur de Ferrière, un arrêt du roi qui l'autorisait à extraire du sable dans ce lieu.

Ferrière était bien loin, aussi allait-on également en chercher à Rugney; on le prenait dans cette commune « au Pâquis de la tranchée du bois de Rugney », proche la route de Charmes à Mirecourt.

Cette route ne suivait pas la direction actuelle; elle passait par Brantigny et Bouxurulles, laissant le village de Rugney à droite. (Archives de la verrerie de Portieux.)

VI.

Nous avons vu que Magnien, en demandant l'érection en fief de son usine, promettait de bâtir une chapelle. Cette promesse ne fut pas tenue, peut-être n'en eut-il pas le temps.

La verrerie devait rester encore plus de cinquante années sans chapelle (1722-1774).

Le curé de Moriville, qui « administre les sacrements à Magnienville », recevait de ce chef 50 livres ; il en percevait, en outre, les dîmes. Il en resta paisible possesseur jusqu'en 1734.

A cette époque, le curé de Châtel les revendiqua et s'en empara purement et simplement ; de là, procès entre les deux prêtres. La Cour octroya la dîme de Magnienville au curé de Châtel, l'abbé S. B. Bertrand (1741).

A son tour, le curé de Châtel dut plaider avec les bénédictins de Belval, qui ne lui avaient point payé les dîmes novales[1], dues pour essarts faits dans la forêt de Fraize pour l'établissement de la route de Charmes à Rambervillers (1742)[2].

---

1. La *dîme novale* se percevait sur des terres qui depuis 40 ans n'avaient pas été défrichées.

2. Archives communales de Châtel, GG, 41 et 42. 1741-1742.

Ainsi, depuis l'origine de la verrerie jusqu'en 1734, la verrerie, pour le spirituel, dépendait de Moriville; depuis cette époque, elle était desservie par la cure de Châtel.

C'est en 1774 seulement que fut établie cette chapelle devenue insuffisante et reconstruite deux fois depuis[1].

Elle donna bien des soucis au directeur de l'usine, M. Serva : pendant deux années, il lui fallut parlementer, discuter, avec l'évêque de Toul, les curés de Charmes, de Châtel; faire preuve d'une patience qui prouvait combien il tenait à ce que ses ouvriers eussent, sur place, un culte organisé.

M. Serva s'adresse à l'évêque de Toul qui consent (17 juin 1771), réservant, toutefois, l'avis du curé de Châtel.

L'usine offrait, pour « la desserte » de la chapelle, deux cents livres ; le curé de Châtel trouve la somme insuffisante, et apprenant que M. Serva s'était adressé aux capucins de Châtel, il lui écrit : « Il y a une observation essentielle à faire, c'est que si cette chapelle est desservie par un religieux, ou il demeurera à l'usine, ou non.

« Dans le premier cas, ce serait un abus qu'un religieux sorte de son cloître et vive exposé à la dissipation..... » (15 octobre 1771.)

M. le curé n'était pas flatteur pour ce religieux qui devait être un capucin de sa paroisse.....

Pendant ce temps, la chapelle se construisait, et le 4 février 1772, l'évêque de Toul désignait le curé de Charmes pour la recevoir et y dire la première messe, ce qui eut lieu le 12 mars suivant.

Le curé de Charmes, accompagné d'un autre prêtre,

---

1. La chapelle actuelle n'occupe plus le même emplacement. Elle est en face de la chapelle primitive.

M. Obry, trouva tout bien, même le dîner qui lui fut offert par M. Serva :

« .....M. Obry, écrivait le curé de Charmes, est très sensible à l'honneur de votre souvenir, et vous assure de ses respectueuses civilités et nous vous remercions l'un et l'autre du trop bon dîner que vous nous avez donné hier et du bon tabac dont je suis fâché que vous vous soyez privé..... » (14 mars 1772.)

Si tout était bien avec le curé de Charmes, il n'en était pas ainsi avec celui de Châtel.

La chapelle construite, ce dernier avait été chargé par l'évêque de désigner le prêtre qui devait la desservir. Il ne voulait point de religieux et trouvait la « desserte insuffisante » ; il refusait d'autoriser le capucin de Châtel qui, moins exigeant, avait accepté avec empressement :

« Si ma santé, écrivait le supérieur des capucins de Châtel, et les mauvais temps m'avaient permis de voyager, j'aurais déjà eu l'honneur d'aller vous voir et nous nous serions déjà entendus pour la desserte de votre chapelle ; nous la desservirons avec plaisir et je me chargerai moi-même de cette desserte.... Frère Melchior. » (6 mars 1772.)

C'était cet empressement à accepter, de frère Melchior, qui vexait surtout le curé de Châtel ; il critiquait tout : après avoir accepté un confessionnal pour la chapelle, il n'en voulait plus ; il chicane sur le « missel », sur les objets nécessaires à l'exercice du culte.

Le temps passait, les choses s'envenimaient et la chapelle n'était toujours pas ouverte au culte. M. Serva avait rompu toute relation avec le curé ; l'évêque de Toul (ce n'était plus celui qui avait donné l'autorisation, en 1771, de bâtir la chapelle) prit fait et cause pour son curé. Il invita les capucins à se conformer à ce que déciderait le curé de Châtel; mais en même temps il a bien soin de féliciter M. Serva, « admirant l'exemple de piété et de zèle religieux donné par lui;.... il engage M. ˙Serva, brouillé avec son curé, de l'aller voir. » Il y va, est fort mal reçu, s'en plaint à l'évêque qui répond : « C'est contre mon intention que vous avez essuyé du désagrément dans la visite que vous avez rendue à M. le curé de Châtel, mais je vous sais bon gré du sacrifice que vous en avez fait, et j'espère que cet événement contribuera à vous remettre en bonne intelligence avec votre pasteur..... » (4 décembre 1774.)

On se raccommoda en effet ; M. Serva abandonna les capucins, augmenta la redevance pour la « desserte », et ce fut le curé de Moriville[1] qui officia dans la chapelle de la verrerie.

M. Serva crut devoir faire un cadeau de verres à l'évêque, qui accepta :

« .....J'ai bien des remerciements à vous faire ; je n'ai pu refuser cette marque de votre attention et de votre honnêteté pour moi ; mais je suis encore plus touché des sentiments, etc..... » (23 mars 1775.)

Cet évêque[2] n'était plus celui à qui M. Serva avait

---

1. J'ai dit au début de ce chapitre, qu'à l'origine de la verrerie, c'était le curé de Moriville qui « administrait les sacrements à Magnienville » ; il en percevait également la dîme à l'origine. M. Serva, voyant qu'il en fallait passer par les exigences du curé de Châtel, proposa de revenir à l'état de choses primitif en faisant desservir la nouvelle chapelle par le curé de Moriville.

Le curé de Châtel accepta, c'est le seul point sur lequel il céda.

Il y a aux archives de la verrerie sur toute cette affaire une volumineuse correspondance.

2. Le nouvel évêque s'appelait Xavier de Champorcin. Il resta évêque de Toul jusqu'à la Révolution, de 1774 à 1790.

Son prédécesseur, Claude Drouas, occupa le siège épiscopal de Toul de 1754 à 1773.

demandé, en 1771, l'autorisation d'établir une chapelle; celui-ci — Claude Drouas — était mort (1773); mais au début, il avait profité des relations officielles qui s'étaient établies entre lui et M. Serva pour faire une commande de verres et carafes :

« J'ai besoin, écrivait-il, de me recruter de verres et carafes : quatre douzaines,..... etc......, le tout en culottes de suisses, le plus mince qu'il sera possible pour la coupe, sans aucune espèce de gravures..... Vous voudrez bien m'envoyer tout cela par la première occasion : M. le vicaire de Charmes doit venir au concours le 1er avril.....

« Les verres de la première grandeur doivent être d'une bonne matière; la forme agréable de ces verres est que le fond du calice soit bien arrondi et pas si étroits qu'ils l'étaient autrefois à Portieux; et que, d'autre part, le verre de ces coupes ou calices soit plus mince, au risque d'en casser davantage : un verre qui a trop de poids est physionomique, mais moins agréable. »

« CLAUDE, évêque de Toul. » (15 mars 1772.)

Ainsi que le disait l'évêque, on s'adressa au vicaire de Charmes pour transporter à Toul ces verres.

« Mon vicaire, répondait le curé de Charmes, comptant partir à pied pour se rendre au concours du 1er avril, ne pourra se charger des verres que vous destinez à Monseigneur, à moins que vous n'ayez la bonté de lui procurer une *raffle* qui pourrait, en même temps, *lui servir de parapluie*. Je ne sais, Monsieur, pour le présent, aucune voiture qui doive aller à Toul. Autrefois, il y avait, au village de Portieux, un homme qui y conduisait tous les quinze jours des balais ou autres marchandises avec une charrette. Peut-être le fait-il encore? Vous êtes à portée d'en être instruit..... » (27 mars 1772.)

On appelle *raffle,* une hotte dont la partie supérieure *déborde en avant, recouvre la tête du porteur* et permet d'augmenter la charge à porter.

. C'est par ce moyen que fut transportée à Toul la commande de l'évêque !

Cette lettre donne une idée des moyens de transport dont on pouvait disposer à cette époque, et des difficultés que l'on éprouvait à expédier, même à de courtes distances, les produits de la verrerie.

Il en était de même pour les gros transports : huit années auparavant, le fermier de l'usine, Barthélemy Anciaux, exposait à la Cour de Lorraine que, « pour la sortie des verres fabriqués dans cette usine, on est obligé de traverser un bout de forêt d'environ trois cents toises, pour aller rejoindre la route (de Charmes à Rambervillers). Ce passage est tellement mauvais et marécageux que très souvent *il faut un jour et demi* pour qu'une voiture un peu forte puisse en faire le trajet; encore faut-il employer quinze à vingt chevaux, et l'aide de tous les ouvriers de la verrerie,..... ce qui rebute les marchands d'y venir faire leurs emplettes..... Pour rendre ce passage moins difficile et faciliter le desséchement du terrain, il serait nécessaire d'en essarter l'ombrage par une tranchée de bois et broussailles de droite et gauche..... »

La Chambre décide qu'il sera ouvert, « dans la orêt de Fraize, une tranchée de la largeur de 120 pieds, à charge de mettre en bon état le chemin [1].... » (28 février 1765.)

---

[1]. La superficie du terrain ainsi essarté fut abandonnée aux fermiers et à leurs successeurs ou remplaçants. Anciaux fit un bon chemin, bien empierré, avec fossés de part et d'autre. (Arch. dép. Nancy, B, 10720.)

VII.

Droits d'entrée imposés par la France aux verres lorrains. — Crise qui en est la suite. — Ces droits sont abaissés. — Grande reprise. — Les salins. — Nouvelle crise. — MM. Bour et Renaut (de Baccarat).

La France était le principal débouché des verreries lorraines; nous avons vu que, dès 1730, Portieux vendait ses produits jusqu'à Paris; depuis, ses relations s'étaient beaucoup étendues, et pour l'exportation aux colonies, il fallait bien se servir des ports français.

Le 26 décembre 1746, le gouvernement français frappa les verres lorrains d'un droit de 20 fr. par quintal sur les ouvrages de verrerie et de 10 livres sur les bouteilles.

C'était fermer le marché français aux verriers lorrains; il ne restait plus que leur pays, bien petit pour une aussi grosse production; quant à l'Allemagne, il n'y fallait pas songer.

Ce fut la ruine pour bien des verreries : Louis Dietrich, qui affermait la verrerie à ce même moment, 1750, fermait l'usine en 1751, et rétrocédait à perte — nous l'avons dit — son bail à Barthélemy Anciaux et Dupré[1].

On le pense bien, les verriers lorrains multiplièrent les démarches auprès du gouvernement français; ils finirent (1759) par obtenir, en partie, gain de cause :

« . . . . . Par suite de ces droits, disaient-ils dans une sup-

---

1. « Mais comme le fermier est ruiné, ayant même cessé la fabrication, à cause des droits de 20 livres le cent pesant.., B. Anciaux a repris son bail.... » (Archives de la verrerie de Portieux.)

plique au roi de France, leurs usines ont ralenti ou complètement cessé leur travail, ... et pourtant la Lorraine[1] qui,
par les circonstances, mérite des considérations parti-
culières, est moins bien traitée que les pays étrangers à la
France..... »

Cette supplique était approuvée par les « maîtres-verriers
d'Alsace et de Franche-Comté, les fermiers généraux, qui
consentent à telle modération de droits qu'il plaira d'accorder à S. M., d'accorder sans indemnité pour eux..... »

Le gouvernement français réduisit les droits d'entrée,
pour les bouteilles, de 10 livres à 2 livres ; pour les verres
blancs, etc., de 20 livres à 7 livres.

En outre, les verriers lorrains devront accompagner
« leurs envois de certificats justificatifs que lesdites marchandises vitrifiées proviennent de leurs fabriques, ... et
encore qu'elles ne pourront entrer que par les bureaux qui
seront convenus entre lesdits maîtres-verriers et l'adjudicataire des fermes..... » (Versailles, 21 août 1759[2].)

Le 28 octobre suivant, les « gentilshommes propriétaires
des verreries répandues dans les forêts de Darney, Dom-
paire, ... travailleurs en bouteilles, verres en table, etc.....
furent tous convoqués au prieuré de Droiteval, au domicile
de Jacques Robert, cabaretier, ... afin de donner pour
chacun, les bureaux par lesquels ils feront entrer en France
leurs produits..... »

---

1. Les « circonstances » méritaient en effet des égards de la part du
gouvernement français ; la Lorraine était française de fait, puisqu'à
la mort de son souverain Stanislas, elle devait revenir définitivement à
la France. Cette pétition se trouve dans les archives de la verrerie
de Portieux.

C'est à cette situation particulière que les verriers lorrains faisaient allusion.

2. Archives de la verrerie de Portieux.

- Cette réunion représentait tout le groupe des verriers vosgiens; nous voyons qu'en 1759, dans la région qui correspond à notre département actuel, il y avait quinze verreries de bouteilles et grands verres, et quatre en verres blancs[1].....

---

1. Au sujet de cette réunion, voici la liste de ces verreries et les noms de leurs propriétaires :

1o Hennezel. — Propriétaires: Joseph de Bigot ; A. de Finance.

2o Hennezel ou Henridel. — Propriétaires : L. de Massey; de Bausiquand.

3o Bisval. — Propriétaires : Duhoux ; N. de Finance.

4o Saint-Vaubert dit Thomas. — Propriétaires : Duhoux de Châtillon ; de Bausiquand.

5o La Frison. — Propriétaires : G. de Hennezelle; de Massey.

6o L'Esbille (Sybille) — Propriétaires : Ch. Duhoux; de Hennezel; A de Massey.

7o Châtillon dit Claudon. — Propriétaires : Ch. de Bonnay; Ch. Duhoux ; L. Duhoux; de Châtillon.

8o Thietry. — Propriétaire : F. de Hennezel.

9o Senennes. — Propriétaire : C. Duhoux.

10o La Bataille. — Propriétaires : G. H. de Bonnay ; N. de Hennezel.

11o Du Tolloy ou Tollot. — Propriétaire : N. E. de Hennezel.

12o Francogney ou Neuve-Verrerie. — Propriétaire : Duhoux le Chevalier.

13o Belrupt. — Propriétaire : de Bazaille.

14o Grande-Catherine. Propriétaires : A. de Massey; de Bausiquand; N. Damas.

15o Clairey. — N'a pas comparu, quoique averti (dit le procès-verbal).

Les 15 usines ci-dessus fabriquaient des bouteilles et grands verres.

1o La Planchotte. — Propriétaire : N. Dubois.

2o La Géroche dite Claire-Fontaine. — Propriétaire : Melchior Schmidt.

3o Pierre-Ville. — Propriétaire : Melchior Schmidt.

4o Portieux n'a pas comparu.

Ces quatre dernières fabriquaient du verre blanc, gobeleterie, etc... (Archives de la verrerie de Portieux.)

L'effet de cet abaissement de droits se fit bien vite sentir ; à Portieux, dès 1762, Anciaux établit un second four (voir plus haut chapitre V), obtient un supplément de combustible, disant dans sa demande qu'il « veut augmenter sa verrerie et la rendre la rivale de Saint-Quirin ».

La fabrication de la « gobletterie et assortiments » prit un tel développement, qu'il cessa celle du verre en table, et employa ses deux fours à faire de la gobeleterie.

Un de ces fours était construit à la mode française, l'autre à la mode allemande.

Tout alla bien pendant une quinzaine d'années ; mais, en 1776, il y eut une nouvelle crise ; cette fois c'était le *salin* :

« Le salin, qui provient des cendres d'herbes et de bois, est la matière qui entre dans la composition du verre, la beauté du verre dépend singulièrement de la bonne qualité du salin..... »

Pendant longtemps, les verriers, maîtres des forêts, au milieu desquelles étaient établies leurs usines, faisaient eux-mêmes leur salin ; mais le nombre des usines s'étant accru considérablement, « des particuliers de petites villes voisines ont commencé à lever et tenir des dépôts de salins qu'ils vendaient aux verriers[1]..... »

---

1. « Il y a 25 ans (ceci écrit en 1762), le commerce de salin n'existait pas, les verreries, moitié moins nombreuses, le faisaient toutes seules en établissant des ouvriers à trois ou quatre lieues autour d'elles ; mais, depuis cette époque, le nombre des verreries s'étant accru, dans les petites villes voisines des usines, des particuliers ont commencé à lever et tenir des dépôts et amas de salins qu'ils nous vendent... » (Archives de la verrerie.)

En 1802, dans une statistique faite par le préfet des Vosges : « La fabrication du salin offre des débouchés à beaucoup d'habitants de ce département et principalement à ceux des montagnes. Ils le vendent à des négociants de Saint-Dié, Raon, qui le convertissent en potasse pour

C'était un nouveau commerce ; une concurrence pour les verriers qui eut pour effet de faire hausser le prix de ce produit :

Pendant la période 1746-1759, les verreries ayant ralenti ou éteint leurs fours, les marchands de salins cherchèrent des débouchés à leur fabrication et commencèrent à l'exporter, si bien qu'au moment de la reprise qui fut le résultat de l'abaissement des droits d'entrée des verres en France, le salin, que l'on continuait à exporter, devint rare, et de 15 'livres qu'il valait en 1758, il monta rapidement à 29 livres.

Sur les réclamations des verriers, Stanislas interdit l'exportation du salin (9 janvier 1762) : il tomba du coup à 18 livres !

A la mort de Stanislas (1766), la Lorraine fut réunie à la France ; bien des arrêts des anciens ducs tombèrent en

---

l'usage des verriers. On évalue à plus de 100,000 fr. le produit de cette branche de commerce... »

Dans une épître en patois adressée par les habitants de Gérardmer au ministre de l'intérieur, en 1809, je trouve le passage suivant :

> Et i co enne aut'cheuse éto d'qué o s'estone,
> Neu fôme feyo do solin ;
> Ço po lo peï ci èn'cheuse qu'o bê bône,
> Le fôme è slè po so treyin.

> *Il est encore une autre chose de laquelle on s'étonne,*
> *nos femmes font du salin ;*
> *c'est pour ce pays-ci une chose qui est bien bonne,*
> *la femme a cela pour son ménage.*

Ce salin, dit M. Jouve, était d'autant plus recherché que les femmes avaient soin d'en augmenter la force, en arrosant de leurs urines les tas de fougères et de bruyères qu'elles faisaient près de la maison. (L. Jouve, *Épître en patois, etc. — Mémoires de la Société d'archéologie lorraine,* 1865.)

désuétude, et les marchands de salins en profitèrent pour recommencer l'exportation ; le prix du salin atteignit, en 1776, 32 livres.

« Des Liégeois, disaient les verriers dans leurs réclamations, viennent le chercher hautement et le conduire dans les Pays-Bas..... »

A Remiremont, Gérardmer, Rambervillers, se trouvaient les plus importants dépôts : « Les habitants de ces trois villes se prêtent à ce commerce de contrebande ; ils ont des fours où ils convertissent en potasse les meilleurs salins,.....‘les mauvais étant vendus fort chers aux verriers..... »

« Autrefois, ajoutaient ceux-ci, les Dangzigois (habitants de Dantzig) amenaient des potasses en France ; mais leurs débats avec le roi de Prusse ont interrompu ce commerce,..... si bien que les directeurs des poudres, pour suppléer au manque de potasse, ont cru devoir en encourager la fabrication en France..... Cela va encore diminuer les salins,..... nous ne nous en plaignons pas ; mais pour leurs intérêts comme pour le nôtre, il est indispensable que la concurrence avec l'étranger n'ait plus lieu..... »

Ce commerce du salin était des plus lucratifs pour ceux qui s'y livraient ; aussi tout moyen était bon pour faire des cendres ; on allait jusqu'à incendier les forêts[1] !

---

1. « Il faut considérer encore que le prix du salin porté à un certain renchérissement réveille quantité de fabricants qui, pour gagner davantage, dévastent les forêts et y mettent le feu pour se procurer des cendres... » (Archives de Portieux.)

Je relève dans la statistique du département des Vosges, citée plus haut, le passage suivant : au nombre des causes qui ont ruiné les forêts, le préfet parle « des feux qu'on allume trop fréquemment dans les forêts, pour y convertir en cendres, les bruyères, fougères et bois

Cette élévation dans le prix du salin nuisait singulièrement aux verreries : Portieux éteignit un four en 1778 ;
douze l'avaient été précédemment dans diverses verreries
lorraines ; toutes réduisaient leur travail :

« 400 pères de famille étaient sans travail ; la plupart
étrangers commencent à s'en retourner dans leur patrie
avec leurs familles, en détestant un pays qu'ils enrichis-
saient par leurs travaux et qui a fini par leur refuser du
pain..... Bien plus, malgré le grand ralentissement, cette
réduction de plus de la moitié dans la fabrication, et par
conséquent de la consommation du salin, le prix de celui-ci
augmente toujours..... »

On était revenu aux mauvais jours de 1746-1759 ;
MM. Bour, de Portieux, et Renaut, de la verrerie de Sainte-
Anne (Baccarat), prirent en main la défense des intérêts des
verriers.

Dans une réunion qui eut lieu le 4 février 1779, chez
M. Renaut, il fut décidé que « pour obvier à la mauvaise
qualité du salin, les soussignés ne voient d'autres moyens
que celui d'être autorisés par le roi à donner, à l'exclusion
de tous autres, le droit aux particuliers qu'ils connaîtront
pour être bons saliniers la commission de faire le salin.....
Il est d'autant plus important de prendre ce parti que la
fabrication du salin exige des connaissances, et que d'ailleurs
sans cela les forêts finiront par être entièrement dévastées,

---

morts que l'on emploie à faire du salin. Ces feux, allumés presque
toujours la nuit et non soignés, parcourent rapidement les forêts et y
causent l'échauffement des pieds d'arbres qu'ils n'ont pas brûlés... Ce
sont ces *brûlés* anciennes qui déshonorent le plus les forêts, par les
clairières qu'elles y produisent ; elles ont causé beaucoup de ravages
pendant l'été de l'an VIII (1800), remarquable par l'extrême sécheresse
que les chaleurs ont occasionnée... » (Statistique départementale des
Vosges, an X.)

attendu que quantité de gens sans aveu y mettent journelle-
ment le feu..... »

Cette proposition n'eut pas de suite.

On s'adressa directement au roi :

« Je crois, écrivait M. Renaut à M. Bour, qu'il ne
sera pas nécessaire d'agir,..... je compte que dans peu de
jours nous aurons un arrêt donné du propre mouvement
du roi, et cela vaudra beaucoup mieux.... » (14 janvier
1780). '

Le 10 février suivant, le roi, en effet, prenait un arrêt
interdisant à tous marchands « de faire chez eux, dans leurs
magasins' et ailleurs, des amas de potasses et salins, en aucuns lieux situés à une distance moindre de quatre lieues
des frontières de ses États,..... l'exportation des potasses
et salins étant interdite[1]..... »

On triomphait, mais il fallait surveiller de près les
marchands de salin qui cherchaient à frauder quand même :

« .....Vous voyez, écrivait M. Renaut à M. Bour, notre
affaire est allée bon train. M. l'intendant de Lorraine a fait

---

1. Voici l'arrêté de 1762 interdisant pour la première fois l'exportation du salin : « Le roi étant informé qu'un grand nombre de personnes font dans différents lieux de ses États des amas considérables
de salins et de potasse qu'elles font passer à l'étranger au grand préjudice des verreries de ses États, qui sont privées de ces matières abso-
lument nécessaires à leur exploitation et pour lesquelles il est juste
d'accorder une préférence sans laquelle il serait évidemment dangereux
de voir cesser incessamment la fabrication du verre qui fait un objet
intéressant pour les deux duchés de Lorraine et de Bar...

« Le roi fait expresse inhibition et défense... »

L'arrêt de 1780 était conçu dans le même sens : défense de faire
des amas de salin à moins de quatre lieues de la frontière..., défense
aux charretiers, bateliers de les conduire au delà desdites quatre lieues...
sous peine de confiscation des amas ou charrettes, ou bateaux, et trois
mille francs d'amende.

une ordonnance au bas de l'arrêt qui est très propre à en
imposer aux contrebandiers ; on affiche, comme vous le
savez, dans toute la sub-délégation, et les marchands de
salins ont la puce à l'oreille. Il faudra bien prendre garde
qu'ils ne continuent leur commerce avec les Liégeois,
sous prétexte de faire des expéditions sur Paris, comme le
fait M. Hederval[1] depuis quelques mois..... Enfin, il suffit
d'en attraper seulement un seul et cela suffira pour arrêter
les autres..... » (21 mars 1780.)

1. M. Hederval était de Rambervillers.

VIII.

La verrerie pendant la Révolution. — Tentatives pour obtenir le maintien des anciens privilèges.

La défense d'exporter le salin rendit aux verreries leur activité pour quelques années.

Le moment approchait où toutes ces usines privilégiées — verreries, faïenceries, forges — allaient subir la plus grave des crises : la Révolution, en supprimant privilèges, franchises, affectations de combustible, allait bouleverser totalement la situation de ces industries. Bon nombre succombèrent.

Ces affectations de bois étaient depuis longtemps l'objet de nombreuses et vives réclamations des populations; aussi en trouve-t-on l'écho partout dans la rédaction des cahiers des doléances, plaintes et remontrances, pour les États généraux qui allaient se réunir.

L'état des forêts était pitoyable; pour en donner une idée, je ne crois mieux faire que de reproduire les réclamations des habitants de Rambervillers[1] :

Les forêts du ban de Nossoncourt et de la mairie de Rambervillers étaient indivises entre les habitants desdits lieux et l'évêché de Metz.

---

1. *Cahier des doléances, plaintes et remontrances du tiers-état de Rambervillers.*
Annales de la Société d'émulation, 1877.

Le partage des bois exploités en était parfaitement réglé; quand en 1750 l'évêque, Mgr de Coislin, obtint la mise en coupe réglée, dans une période de vingt-cinq ans, de ces forêts, et en même temps une réduction considérable dans la part qui revenait aux habitants.

Pendant quelques années on exploita d'après la nouvelle période de vingt-cinq ans ; mais un nouvel évêque, Mgr de Montmorency, se souciant peu de la période prescrite, fit abattre d'un seul coup ce qui restait et en tira un revenu prodigieux ; plusieurs cent mille de cordes furent ainsi vendues !

Cela fait, l'évêque exposa à la Cour que, devant rebâtir son palais épiscopal, il demandait à exploiter en dix années les quarts en réserve, la part destinée aux habitants devant être prise dans ces dix coupes. La Cour accorda. Mais l'évêque abattit encore ces dix coupes en une seule fois, si bien que pour donner le bois qui revenait aux habitants, il fallut revenir aux vingt-cinq premières coupes déjà épuisées ; de sorte que là où il fallait abattre autrefois cent arpents, il en faut aujourd'hui mille !.....

Le sieur Colombier, ajoutaient les habitants de Ramber-villers, a fait l'acquisition de deux forges sur le finage de la ville ; elles brûlaient huit heures sur vingt-quatre, et quatre cents cordes suffisaient..... Aujourd'hui, les forges réparées, agrandies, marchent de minuit à l'autre et brûlent dix mille cordes..... Le sieur Colombier, demandaient les cahiers, doit être ramené à la permission primitive accordée pour la construction des deux forges.....

De même :

A Mirecourt, « on doit réduire au quart les verreries, forges établies en Lorraine..... »

A Darney, pays de verreries et d'immenses forêts, on

s'élevait contre le trop grand nombre d'usines à feu, qui sont cause de la destruction des forêts : il conviendrait de supprimer toutes celles qui ont été établies depuis cinquante ans et réduire les feux des autres au nombre où ils étaient à cette époque.....

Vittel, Lamarche, Saint-Dié, Neufchâteau, Domvallier, etc., etc., adressaient les mêmes vœux aux États généraux[1].

Certes, le droit accordé à toutes ces « bouches à feu » de prélever gratuitement ou à peu près, dans les forêts, le combustible qui leur était nécessaire, devait exciter bien des jalousies ; aussi la rentrée dans le droit commun de toutes ces usines privilégiées fut-elle accueillie avec joie par les populations.

Dès lors, le combustible qu'il fallut acheter, les exemptions de toutes ces charges dont il fallut, désormais, prendre sa part ; les longues guerres qui suivirent et qui supprimèrent, pour ainsi dire, toutes relations avec le monde entier, mirent toutes ces usines dans une bien critique situation ; beaucoup cessèrent tout travail : sur dix-neuf verreries qui existaient dans les Vosges sous l'ancien régime, nous n'en retrouverons plus que six à la fin de la Révolution.

La verrerie de Portieux, pourtant, n'eut pas trop à souffrir et put continuer à travailler pendant toute cette période agitée.

Sa qualité de propriété domaniale — nationale — lui valut la continuation de l'affectation ; bien plus, cette affectation lui fut laissée, après la vente, jusqu'à l'expiration (1801) du bail consenti par l'ancien régime, en 1782. (Voir plus haut chapitre V.)

---

1. *Documents rares ou inédits de l'histoire des Vosges*, t. I et II.

Cet avantage dut singulièrement aider la verrerie de Portieux à résister à la crise provoquée par la Révolution ; mais au 31 décembre 1801 expirait le droit à l'affectation de combustible et les propriétaires tentèrent de le conserver, ou du moins d'obtenir, en échange, quelques avantages.

Ils offrirent de continuer la redevance qu'ils payaient au domaine quand ils en étaient les fermiers pour l'usine, à la condition qu'on leur laissât la jouissance de l'affectation :

« Au premier abord, disaient-ils, il semblerait plus naturel et plus avantageux pour l'État qu'on les laissât acheter leurs bois aux enchères comme les autres..... Mais en réfléchissant, cela deviendra plutôt nuisible, puisqu'il est de notoriété que l'usine en question est nécessaire à la consommation des bois qui l'environnent et qui, sans elle, pourriraient..... De plus, si les demandeurs étaient obligés d'aller aux adjudications, on pourrait les pousser, et si le prix était trop élevé, ils ne pourraient acheter..... Les usines chômeraient faute de combustible..... La proposition est d'autant plus acceptable que la somme offerte représente, à dire d'expert, la valeur du bois..... »

A cela, l'administration des forêts répondait :

« .....Tant que la verrerie de Portieux a fait partie du domaine national, il a pu être avantageux au Trésor d'affecter annuellement une certaine quantité de bois,..... mais la République n'a plus les mêmes motifs aujourd'hui qu'elle est vendue..... Les demandeurs ont d'autant moins à craindre la concurrence, suite inévitable des adjudications, qu'elle est placée au centre des forêts, que personne ne pourra lutter avec elle, puisque les frais de transport seront, pour ainsi dire, nuls pour elle..... Au surplus, s'il se rencontre quelque concurrent, les pétitionnaires ne subiront, en cela, que le sort qui est commun à toutes les usines de ce genre..... »

Le directeur de la Régie donna également un avis défavorable et le préfet rejeta définitivement la demande : « .....Il faut convenir que les pétitionnaires ont bien peu calculé les ressources de l'État pour espérer que dans le moment où l'État éprouve les plus grands besoins, il fasse un sacrifice qui ne peut que favoriser un intérêt personnel [1]...... » (An IX — 1801.)

L'affectation (la coupe) fut donc mise aux enchères ; la somme offerte dans la demande des propriétaires de Portieux s'élevait à 6,541 fr. La coupe fut vendue 23,000 fr. !

M. Bour ne se tint pas pour battu.

Bonaparte, premier Consul, avait ordonné des recherches statistiques sur la situation de la France ; on voulait savoir dans quel état la Révolution avait laissé la France.

M. Bour saisit cette occasion pour présenter de nouvelles réclamations :

« .....Le Gouvernement, disait-il, veut protéger l'industrie ; pour cela il y avait deux moyens :

« L'un est de ne point surcharger les usines d'impôts ; l'autre est de la mettre à même de s'approvisionner de matières premières à des conditions qui permettent de soutenir la concurrence étrangère.....

« En ce qui concerne Portieux, rien de plus aisé :

« L'État exploite d'une façon déplorable [2] les forêts qui

---

1. Archives de la verrerie de Portieux.

2. L'état des forêts était déplorable au moment de la Révolution ; nous l'avons dit.

Après la Révolution, la situation était la même, sinon aggravée.

«....Il est certain, disait le préfet Desgouttes, que les abus qui con-

avoisinent la verrerie,..... la période de révolution des coupes est trop étendue : soixante années ;..... en abaissant cette révolution à quarante années, les bois seraient de meilleures qualités, la surface à couper augmentée : 225 arpens au lieu de 157,..... il y aurait donc une augmentation de 68 arpens.....   •

« Cet excédant représente les deux tiers du combustible nécessaire à la' verrerie ; on l'affecterait à celle-ci, le bois serait payé à dire d'expert et l'adjudication serait évitée sans que personne puisse se plaindre ; puisqu'il resterait toujours la même surface (157 arpens) pour le public..... »

Il va sans dire que tous les propriétaires de « bouches à feu » réclamaient aussi leurs anciennes affectations :

Le préfet des Vosges disait dans le rapport qui fut le résultat de cette enquête : « Le citoyen Fallatieu, propriétaire actuel des forges de Bains, de même que tous ceux des usines qui ont des bouches à feu, indiquent comme le principal moyen d'amélioration à employer en leur faveur, les affectations de bois dans les forêts nationales, semblables à

---

courent à la ruine des forêts, viennent du relâchement qui s'est introduit dans cette branche de l'administration ; les places de gardes ne sont plus recherchées que par ceux qui ne les connaissent que pour en faire profit, soit par des pactisations avec les délinquants, soit par les produits des bois qu'ils se permettent de vendre. Aussi, loin d'être les conservateurs des forêts, ils en deviennent le fléau...

Le préfet signale aussi :

Le droit de « vain pâturer » dans toute l'étendue des forêts ;

Le nombre considérable des usagers ;

Le grand nombre de délits commis, surtout « depuis la Révolution et particulièrement par les usagers eux-mêmes » ;

Des nettoiements inconsidérés, de là « beaucoup de chablis... qui ont produit d'immenses clairières » ;

Les « brûlées » qui sont provoquées par la préparation des salins ;

Les affectations accordées avant la Révolution...

celles qui étaient accordées dans l'ancien régime à quelques établissements..... Tout en convenant que ce moyen est celui qui leur serait le plus favorable, on est forcé de dire qu'il n'est pas exécutable. Il serait difficile, en effet, d'accorder à toutes les bouches à feu qui se sont établies des affectations proportionnelles à leurs besoins, sans causer la ruine totale des forêts..... On ne pourrait donc faire jouir de cet avantage que quelques établissements,..... et dès lors, ce sont des privilèges que la Révolution a détruits et que le Gouvernement est sans doute loin de renouveler.

« Il est cependant un moyen de remplacer les vœux des propriétaires des usines les plus intéressantes et qui serait préférable à celui qu'ils proposent, en ce qu'il concilierait leurs intérêts avec ceux de la République : ce serait de prendre des mesures sévères pour empêcher le nombre des bouches à feu actuellement existantes de s'accroître, et même pour supprimer celles qui ne paraîtraient pas assez importantes pour être soutenues. Ainsi la concurrence qui existe entre elles serait moins grande, elles se nuiraient moins réciproquement, pourraient se procurer le bois qui leur est nécessaire avec plus de facilité et le renchérissement effrayant de cette matière cesserait.

« Car on ne saurait disconvenir que ce n'est pas sans fondement que l'on attribue l'augmentation du prix du combustible à la prodigieuse consommation qu'en font les nombreuses bouches à feu de ces usines, quoique existant depuis longtemps et situées dans des contrées extrêmement boisées..... »

Voilà ce que pensait, ce qu'écrivait le « citoyen Desgouttes », premier préfet des Vosges, dans son rapport officiel au ministre.

Pour conjurer la crise, suite du renchérissement du bois,

il n'y avait qu'à empêcher les verreries, forges, faïenceries de s'accroître ; qu'à supprimer les petites !

Le moyen était par trop révolutionnaire et n'eut pas de suite, bien entendu ; les maîtres d'usines à « bouches à feu » durent subir les feux des enchères.

Ces adjudications étaient le cauchemar, la terreur des verriers et en particulier des propriétaires de Portieux ; ceux-ci tentèrent, quelques années plus tard, une nouvelle démarche.

On était sous l'Empire, et c'est au duc de Gaëte, ministre des finances, qu'ils s'adressèrent :

Ils demandaient une affectation de vingt hectares dans les forêts de Terne et Fraize, et offraient en échange une redevance de mille francs par hectare, à moins que l'État ne préférât fixer le prix à dire d'expert..... « On peut leur accorder ce qu'ils demandent, ajoutaient-ils, car il n'y aura de froissé que l'agioteur,..... le lucre clandestin que celui-ci retire ne profite pas au Trésor et il écrase le manufacturier..... Serait-ce un mal de rendre la vie au commerce au détriment de ces honteux monopoleurs ?..... »

Ces agioteurs, ces monopoleurs, étaient tout simplement des marchands de bois :

« Les propriétaires d'usines, continuaient-ils, deviennent la proie d'une foule de spéculateurs avides qui, sans manufactures, souvent sans fortune, toujours sans besoins réels de se procurer du combustible, forcèrent les manufacturiers de payer le bois à des prix exhorbitants, soit en leur *extorquant des sommes considérables pour ne pas couvrir les enchères* (c'est au ministre des finances que pareil aveu était fait !), soit en achetant eux-mêmes et en revendant aux manufacturiers, soit enfin en faisant payer un prix excessif quand ils refusent de se laisser *ramonner par ces vampires !...*

« La hausse considérable dans le prix du bois, la concurrence qui a obligé les fabricants à prendre des coupes éloignées de leurs usines, ont été la cause de la ruine de nombre d'usines, et pour comble de malheur les guerres maritimes empêchant l'importation des potasses, tout le salin se dirige sur Paris et vaut 60 fr..... Situation cruelle pour le verrier : tous les ans, nouvelle anxiété pour les bois ; nouvelles craintes de ne pouvoir s'en procurer et nouveaux sacrifices pour en obtenir,..... de là une lassitude, un découragement, un dégoût de la chose chez les propriétaires d'usines [1]..... »

Tentatives inutiles de lutte, derniers cris de colère et de regrets d'hommes qui voient leur échapper à jamais ces privilèges, ces faveurs d'un régime disparu.

Il n'y avait plus qu'à se soumettre au droit commun établi par la Révolution et..... aller aux adjudications.

---

1. Tous les extraits publiés dans ce chapitre sont pris dans les archives de la verrerie de Portieux.

IX.

Avant la Révolution, il y avait, dans les Vosges, dix-neuf verreries; la statistique[1] du département n'en compte plus que six en 1802, et encore une ne travaillait que quatre mois tous les deux ans. Toutes, sauf Portieux, avaient considérablement réduit leur fabrication.

Magnienville, disait le préfet des Vosges, est en pleine activité et conduite par des propriétaires riches et intelligents.

Le préfet disait vrai : MM. Bour et Lamy dirigeaient une usine en pleine prospérité.

---

1. Voici les noms et quelques détails sur les verreries existant dans les Vosges en 1800 :

1° *Clairefontaine.* — 44 ouvriers; depuis la Révolution, sa fabrication qui s'élevait (1789) à 1,500,000 pièces pesant environ 3,000 quintaux, a beaucoup diminué.

Cette usine réclame une affectation de bois. Fabrique du verre blanc et gobeleterie de belle qualité.

2° *Planchotte.* — 40 ouvriers ; sa fabrication a beaucoup diminué à cause de la rareté du salin.

Demande une affectation de bois.

Fabrique du verre blanc et gobeleterie de belle qualité.

3° *La Bataille.* — Fabrique des bouteilles, pour le kirsch surtout.

4° *Le Tolloy.* — Fabrique des bouteilles.

5° *La Neuve-Verrerie de Francogney.* Fabrique des bouteilles et ne marche que pendant quatre mois tous les deux ans.

La sixième était Portieux.

Ces cinq usines vendaient leurs produits dans les départements environnants.

En 1802, il y avait deux fours occupant 70 ouvriers ; une taillerie, avec quatre ouvriers, venait d'être établie ; de plus, on comptait de 8 à 10 apprentis de 8 à 16 ans.

Tous les ouvriers habitaient la verrerie, et formaient 42 ménages représentant 220 individus « vivant à la suite de la verrerie..... »

« Rien n'est de si peu de conséquence dans la substance que les matières que l'on emploie à la fabrication du verre ; il ne se compose essentiellement que de sable blanc et de salin ou potasse..... »

Les deux fours consommaient annuellement 2,160 quintaux de salin ; 6,240 quintaux de sable « qui, préparés, déchoient d'un tiers..... »

Ce sable vient de quatre lieues de l'usine, sur la route de Charmes à Mirecourt ; « le transport représente 250 voitures, ce qui est pour les cultivateurs de la commune un grand avantage..... »

Pour les verres les plus fins, on va chercher du sable en Champagne.

On utilise également une « espèce de pierre de couleur appelée « maganaise (manganèse) ou magnésie » que l'on tire de la Haute-Saône et qui ne coûte guère que le transport, se trouvant répandue sur la surface de la terre comme d'autres pierres..... »

On employait aussi de l'arsenic.

Les deux fours brûlaient 2,800 cordes (8,400 stères) de bois : « En 1789, l'on consommait en bois un dixième de plus à proportion ; les propriétaires sont insensiblement parvenus, par les changements qu'ils ont apportés dans la construction de leurs fours, à opérer cette économie sur la consommation et à porter la fabrication à un sixième de plus que en cette année..... »

La suppression des affectations a forcé l'usine à acheter, par voie d'adjudication, le bois nécessaire; la corde de bois à brûler, dans l'arbre, s'élevait jusqu'à 9 et 10 fr.

Le salin et le bois constituent la dépense principale d'une verrerie : le salin de pays valait de 40 à 42 fr. le quintal; celui d'Alsace, 48 fr.

On fabrique à Portieux toute « espèce d'ouvrages quelconques en verre, à l'exception des verres à vitres et des verres en table que l'on n'y fait plus...... »

Il se fabrique par an : 3,369,600 verres ordinaires.

Le salaire des ouvriers a augmenté, depuis 1789, d'un quart pour la fabrication et d'un tiers pour ceux qui préparent la matière, de près du double enfin pour les manœuvres et autres subalternes.

Le chiffre d'affaires s'élevait à 236,000 fr. :

On vend dans le département des Vosges pour 2,000 fr. environ; 12,000 dans la Meuse, Meurthe, Moselle; le surplus, 222,000 fr., est expédié aux villes frontières et ports de mer; sur ce chiffre, il est vendu à l'étranger pour 150,000 fr., le reste servant à la consommation de ces villes et environs.....

« Tout s'expédie, soit par voie de terre, soit par eau (la Saône) vers Bordeaux, Toulouse, Beaucaire, Rouen, Bayonne, Marseille et généralement sur les ports et frontières, d'où les négociants les font passer en Espagne et surtout dans les îles par le moyen de vaisseaux français ou étrangers qui abordent dans nos rades..... ˙

« Pendant la guerre, l'on n'apportait guère de ces marchandises, souvent l'on a été obligé de faire des enmagasinements assez considérables; mais comme plusieurs usines du genre de celle-ci chômèrent pendant ce temps, et que le public a toujours été content de la fabrication de Portieux, notamment depuis quelques années, qu'au surplus sa réputation est établie, elle est parvenue, sans cesser son travail, à se procurer le débit de ses marchandises. ....

« C'est par le retour des bateaux et voitures[1] qui conduisent ces marchandises sur nos ports, que nous arrivent dans ce département et les voisins, les savons, eaux-de-vie, sucres, fruits secs, cotons et autres articles venant du midi de la France et des colonies..... »

Telle était la situation de la verrerie de Portieux au commencement de notre siècle.

Aujourd'hui — 1886, — les rustiques halles, les modestes fours sont remplacés par une magnifique halle mesurant 134 mètres de long sur 21 de large ; par quatre grands fours Siemens à 12 pots, ce qui fait 48 pots. A cette halle sont annexés des chambres d'arche, de modèles ; des ateliers de réparations. ....

---

1. Liffol-le-Grand fournissait un grand nombre de rouliers : « Près de cent rouliers étaient employés à faire le transport dans toute la France et jusque sur les ports de mer des produits des manufactures de la ci-devant Lorraine. Ils chargeaient notamment de la verrerie, faïencerie et rapportaient par contre-voiture des huiles, du savon, etc. » (Statistique des Vosges, an X.)

Jusqu'à la réunion de la Lorraine à la France, « Liffou-le-Grand » fut un bureau de douane pour l'entrée en France (Champagne, Paris, ouest et sud-ouest de la France) des produits lorrains.

Le mouvement commercial que provoquait ce passage forcé à cause de la douane, poussa tout naturellement au développement de l'industrie du roulage dans cette localité.

A l'époque de l'indépendance de la Lorraine, voici les points par où sortaient les « objets vitrifiés » de notre région :

Bourbonne-les-Bains et Liffol-le-Grand pour la Champagne, Paris, l'ouest et le sud-ouest de la France.

Vauviller et Jussey, pour la Franche-Comté, et tout le sud et sud-est.

Les expéditions par eau embarquaient à Corre, quand les eaux de la Saône étaient hautes, et à Gray.

La taillerie « de quatre ouvriers » en occupe maintenant
300; deux machines à vapeur animent cette taillerie; chaque
ouvrier a sur son tour un robinet d'eau, un robinet de gaz;
les salles sont pourvues de chauffage à la vapeur et d'appa-
reils de ventilation.

Il y a des ateliers de coupage et rebrûlage au gaz; de
décors, de gravure, de poterie, briqueterie, pilerie; de me-
nuiserie, charronnerie; des chambres de composition; de
vastes magasins; des salles de réception, emballage; une
usine à gaz, enfin.

La surface bâtie (pour la seule usine bien entendu) représente deux hectares soixante ares : trois millions, depuis
quinze ans, ont été consacrés à ces constructions.

Tous les jours, on fabrique 38,000 pièces; cette production, qui se répartit sur 8,000 modèles, est vendue aux trois
quarts en France, le surplus est exporté.

La population « vivant à la suite de la verrerie » et y ha-
bitant, s'élève à 1,210 habitants; l'usine occupe 820 ouvriers; plus de 600 sont logés [1] à l'usine dans des cités ouvrières; celles-ci, construites simplement, mais avec toutes
les précautions désirables, ne laissent rien à désirer au point
de vue de la salubrité et de l'hygiène; un logement se compose d'une cuisine, trois pièces, une cave, un vaste grenier;
un jardin, enfin, est donné à chaque ménage.

Ce n'est plus la baraque, la « houbette [2] », où campaient
autrefois les verriers !

---

1. Le reste des ouvriers logent dans les villages voisins : Moriville,
Rehaincourt, Ortoncourt, Saint-Genest, etc., tous situés sur le chemin
de fer. Des abonnements, à prix très réduits, permettent à ces ouvriers
de rentrer tous les soirs chez eux.

2. Une « houbette » est une ce ces huttes que construisent encore
de nos jours les bûcherons ou charbonniers.

Des institutions de prévoyance assurent à l'ouvrier malade ou infirme son existence. Une caisse de secours et de retraite fonctionne depuis douze ans; les économies déjà réalisées permettent d'espérer qu'avant peu il n'y aura plus la moindre charge pour le participant. Actuellement la retenue est de un pour cent du montant des salaires.

Une école de garçons, une école de filles, une enfantine, des cours d'adultes, des cours de dessin, ont été installés par l'usine : trois cent vingt enfants fréquentent ces écoles.

TABLE DES MATIÈRES

LA VERRERIE DE PORTIEUX ET SES CITÉS OUVRIÈRES

1886

www.ingramcontent.com/pod-product-compliance
Lightning Source LLC
Chambersburg PA
CBHW050622210326
41521CB00008B/1355